［撮影：中村俊彦／百里基地外部から撮影］

1971年7月にF-4EJ 301・302号機がアメリカから小牧基地に到着してから、約50年の年月を重ねてきた航空自衛隊のファントムⅡは、2020年に百里基地でその歴史に幕を閉じようとしています。

1973年、F-4EJを運用する最初の部隊として第301飛行隊が編成され、1981年には、F-4EJを運用する最後の部隊として第306飛行隊が発足しています。その後、第8飛行隊にF-2への中継ぎとしてF-4EJ（改）が配備され、偵察飛行隊を含めて8つの飛行隊が154機のファントムⅡを運用しました。日本でライセンス生産された127機の最終生産機となる440号機は、「世界で最後に生産されたファントムⅡ」となりました。

1976年のMiG-25による函館空港への強行着陸に対応、1987年に沖縄本島上空を領空侵犯したTu-16に対する自衛隊初の警告射撃という、大きな事件も経験しています。

これらの出来事と照らし合わせただけでは、ファントムⅡのことが好きな人々の熱気は説明ができません。

ファントムⅡはなぜ、ここまで多くの人に愛されているのか。それを解き明かすことができないか。百里基地での取材や、ファンの皆さんの意見を伺うことを通して、ファントムⅡの魅力の正体に迫ろうと思います。

［撮影：中村俊彦／百里基地外部から撮影］

353
DANGER
JET
DANGER
INTAKE

[撮影：中村俊彦／百里基地外部から撮影]

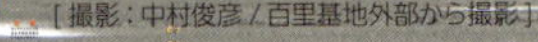

356
DANGER
JET
INTAKE

ファントムⅡが生まれる

FH-1 ファントム
初飛行：1945年
全長：11.81m
全幅：12.43m
エンジン：J30-WE-20

マクドネル・エアクラフト社により生み出された“ファントム”

ファントムⅡの“Ⅱ”は2代目ということ。初代は1945年に初飛行したFH-1ファントムです。設立からわずか7年で世界初の実用ジェット艦上戦闘機としてファントムを開発したマクドネル・エアクラフト社は、その後、F2Hバンシー（1947年初飛行）・F3Hデーモン（1951年初飛行）と、続けてアメリカ海軍の艦上戦闘機を開発しています。

艦上戦闘機とは、空母で運用される戦闘機のことです。陸上の飛行場に比べてはるかに短い空母甲板上で発艦・着艦を行うために、強化された降着装置や、強制的に機体を止めるためのアレスティングフックなどが装備されています。

「ファントム＝Phantom」は「幽霊」、「バンシー＝Banshee」は「死の訪れを告げる妖精」、「デーモン＝Demon」は「悪魔」と、恐ろしげな愛称が付けられたマクドネル・エアクラフト社のアメリカ海軍採用の艦上戦闘機シリーズも、チャンス・ヴォート社のF8Uクルセイダーが制式採用となることで一時的に途絶えてしまいます。

それでも、マクドネル・エアクラフト社はF3Hデーモンを元に、より高性能な艦上戦闘機の開発を続けていました。1954年にアメリカ海軍は、新たな艦上戦闘機の開発を各社に要請し、マクドネル・エアクラフト社はF3H-Gを提案します。この計画は艦隊防空戦闘機の開発という位置づけがされて、XF4H-1と名称を変えて開発が続けられ、1958年に初飛行します。1961年に運用が開始されF4H-1が制式名称となり、ファントムⅡという愛称が与えられました。

1962年にアメリカ全軍で共通の命名規則が制定され、F4H-1FはF-4Bと呼ばれるようになっています。

アメリカ空軍にも採用された“ファントムⅡ”

巨額となっていた軍事費を圧縮するために、アメリカ政府はアメリカ空軍に対してアメリカ海軍と同じ戦闘機の採用を検討するように申し入れました。これを受けて、1961年にF4H-1FをF-105サンダーチーフおよびF-106デルタダー

F2H バンシー
初飛行：1947年
全長：12.24m
全幅：13.67m
エンジン：J34-WE-34

F3H デーモン
初飛行：1951年
全長：17.98m
全幅：10.76m
エンジン：J71-A-2E

F-4B
初飛行：1958年
全長：19.20m
全幅：11.71m
エンジン：J79-GE-8

F-4E
初飛行：1967年
全長：19.20m
全幅：11.71m
エンジン：J79-GE-17

トと比較する作業を開始します。

F4H-1F は艦上戦闘機として開発されていますから、空軍が運用する陸上の飛行場での運用を前提とした戦闘機よりも重く不利なはず。にもかかわらず、比較した 2 機よりも優れているという評価を得て 1962 年に F4H-1F を F-110 スペクターとして採用することになりました。その後、命名規則により F-110A は F-4C に改名されています。

M61 機関砲を積んだ “ファントムⅡ”

F-4C の機首部分を改装してカメラを収めた偵察型の RF-4C が 1963 年に初飛行しました。

1965 年になると機関砲を搭載する必要性が認められて RF-4C を元に開発が開始され、1967 年に F-4E として初飛行しています。F-4C と比べ、M61 機関砲（通称：バルカン砲）の機関部や砲弾を収めるために機首が 1.43m 延長され、機首下部に機関砲身のフェアリングが追加されています。この F-4E はアメリカ空軍が運用しました。

アメリカ海軍では、レーダーや電子機器のアップグレードを行った F-4J、F-4N、F-4S などが配備されています。しかし、機関砲を搭載することはありませんでした。

アメリカ海軍で 1973 年から F-14 が、アメリカ空軍で 1976 年から F-15 が、アメリカ海兵隊では 1980 年から F/A-18 の運用が始まると、F-4 の退役が始まります。退役した機体の一部は改装されて無人標的機 QF-4 として使用されました。無線で操縦できるように改装されて、訓練や試験でミサイルなどの標的として撃墜されています。2016 年に QF-4 が任務を終えると、アメリカ軍での全ての F-4 運用が終了しました。

5,000 機以上生産され 11 か国で採用されましたが、2019 年現在では、航空自衛隊のほかギリシャ・エジプト・イラン・トルコ・韓国空軍だけが運用しています。

F-4は、アメリカ海軍の空母上で運用される艦載機として開発されました。アメリカ空軍ではF-4C・E・D・Gと派生型を導入していますが、空母で運用するための一部機能は変更されていません
対して、F-15とF-2は空母上での運用は不可能です

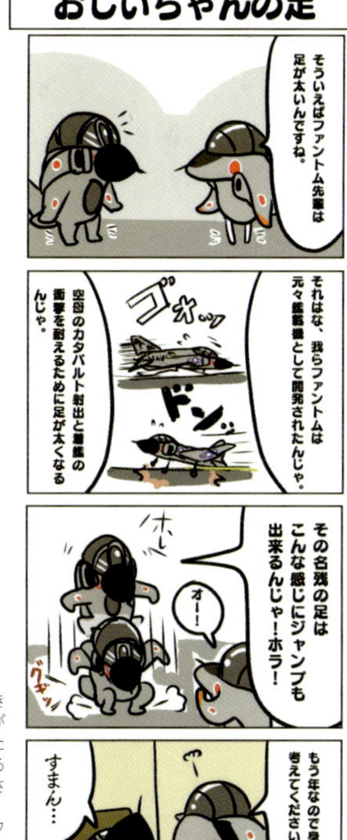

F-4は空母に着艦できるように降着装置が頑丈に作られているため、F-15などと比べると、太い部材で構成されています
アレスティングフックは、F-15など艦上運用しない戦闘機にも装備されていますが、あくまで緊急用のため、ファントムⅡに比べれば細く、軽く作られています

航空自衛隊のファントムⅡ

航空自衛隊の F-104J 後継主力戦闘機を選定する

1967 年に航空自衛隊の主力戦闘機 F-104J の後継機選定が開始されました。当初マクドネル・ダグラス *1 F-4E をはじめとして 9 機種が検討対象でしたが、1968 年には F-4E、ロッキード CL-1010-2、ダッソー ミラージュ F1C に絞られ、アメリカとフランスで調査されました。CL-1010-2 は計画のみで実機がなく、ミラージュ F1C は開発途上であったことも一因となり、F-4E が選定されています。

F-4EJ を改修して生まれた F-4EJ（改）

アメリカ空軍の F-4E を仕様そのままで航空自衛隊に配備することは、2 つの理由からできませんでした。1 つ目は「他国にとって、侵略的な脅威であってはならない」という日本国内の政治的なもので、爆弾や対地ミサイルなどの運用に必要な装置と航続距離を延長できる空中給油装置を外すように、変更を求められたためです。2 つ目は、アメリカ政府がレーダー警戒装置の情報を開示しなかったことで、日本で独自にレーダー警戒装置を開発して搭載することが必要となりました。このような仕様の違いから、航空自衛隊のファントムⅡは F-4EJ と呼ばれることとなり、1971 年から配備が開始されました。

はじめの 2 機はアメリカで生産され、1971 年 7 月に小牧基地に到着しています。続く 11 機はアメリカから納入された部品を三菱重工で組み立てるノックダウン生産方式で、のこりの 127 機は日本でライセンス生産されています。

1982 年、防衛庁（現：防衛省）は F-4EJ の使用期間延長と戦闘能力を向上する事業を提案、試改修事業が認められ 1982 年に三菱重工と試改修の契約を結び、1984 年に試改修機が初飛行します。F-16A のレーダーを改良して搭載することで索敵能力を向上させるとともに、中央コンピュータの換装により爆弾の投下、F-15J と同等（当時）の対空ミサイルと ASM-2 国産空対艦ミサイルの運用能力が与えられました。コクピットにも手が加えられ、パイロットの視界内に自機やレーダーで探知した対象の状況を表示するヘッドアップディスプレイ（HUD）や、左手を離さずに必要な操作を行えるようにするスイッチが追

F-4EJ
配備：1971年
生産：アメリカ・2機
国内ノックダウン生産・11機
国内ライセンス生産・127機

F-4EJ（改）
配備：1989年
改修：国内・89機

RF-4E
配備：1975年
生産：アメリカ・14機

RF-4EJ
初飛行：1992年
改修：国内・15機

*1：F-4を生んだマクドネル・エアクラフト社は、1967年にダグラス・エアクラフト社と合併し、マクドネル・ダグラスに社名が変更されました

加されたスロットルレバーなど、操縦を補助する機能が追加されています。これらの改良を受けて、F-4EJ（改）と名称が変更になりました。

偵察型 RF-4E と F4-EJ を改修した RF-4EJ

1974 年には偵察型も導入されています。アメリカ空軍が運用していたのは RF-4C でしたが、航空自衛隊ではエンジンなどが F-4EJ と共通となる RF-4E を採用し、アメリカで生産された 14 機を導入しています。

RF-4E は任務は偵察なので武装はありません。偵察のために機首に 3 種類のカメラを収め、侵攻してくる敵の様子などを撮影できるようになっています。この能力は、災害発生時にその状況を撮影することで救助や復旧作業を円滑にするための情報を得ることにも、用いられています。後席にはパイロットへの飛行経路の指示や偵察装置の操作などを担任する戦術偵察航空士が乗ることになっていて、後席で操縦することはありません。

1993 年には F-4EJ を改修した、RF-4EJ が配備されました。F-4EJ（改）に改修されなかった F-4EJ の一部を改修したもので、偵察カメラを収めるポッドを機体下部中央に搭載できるようになっています。RF-4E と異なり、武装も残されていますが、戦闘に関する訓練を通常行うことはありません。15 機が RF-4EJ となりましたが、初期の 7 機は限定的な改修だったため退役しています。機首は F-4EJ のままで、カメラを収めるステーションはありませんから、RF-4E と RF-4EJ は機首下部に M61 機関砲のフェアリングがあるかどうかで、見分けることができます。

RF-4EJ と F-4EJ（改）を見分けるには、山岳をイメージした迷彩塗装が施されているのが RF-4EJ だと、憶えておくとわかりやすいのではないでしょうか。

14機導入されたRF-4Eと、F-4EJから15機が改修されたRF-4EJは2019年度中に退役。そしてF-4EJから89機が改修されたF-4EJ（改）も2020年度中に退役することが防衛省により発表されています

2019年には岐阜基地にF-4EJ、百里基地にF-4EJ（改）・RF-4E・RF-4EJの、計4機種が配備されています
140機導入された当初のF-4EJには、日の丸と機体番号が大きく描かれ、機体もベージュに近い色に塗られていました

配備されたファントムII

最盛期には7つあったファントムIIの飛行隊も、2つだけになってしまいました。

第301飛行隊
1973年～2020年度中
百里～新田原～百里基地

1973年10月16日に百里基地でファントムII初の部隊として新編されました。1985年に新田原基地に移動後、F-4EJ（改）を受領しています。2016年にF-15を運用する第305飛行隊と入れ替わりで百里基地に戻っています。

2020年度中に三沢基地へ移動し、F-35Aに機種更新する予定です。

第302飛行隊
1974年～2019年
千歳～那覇～百里基地

1974年に千歳基地で臨時F-4EJ飛行隊として編成されたのち、第302飛行隊となりました。1985年に那覇基地へ移動し、1995年にF-4EJ（改）へ更新しています。2009年に百里基地に移動し、その後2019年には三沢基地に移動し、F-35Aに機種更新しました。

第303飛行隊
1976年～1987年
小松基地

1976年に小松基地でF-4EJ部隊として新編され、1987年にF-15に機種更新しました。

第304飛行隊
1977年～1990年
築城基地

1977年にF-86Fを運用する第10飛行隊を引き継いでF-4EJを運用する部隊として築城基地に新編されました。1990年にF-15に機種更新しました。

第305飛行隊
1978年～1993年
百里基地

F-104J運用の第206飛行隊と入れ替わるように1978年に百里基地で新編されました。1993年にF-15に機種更新をし、2016年に新田原基地へ移動しました。

第306飛行隊
1981年～1997年
小松基地

1981年に小松基地で新編され、1991年には全ての機体がF-4EJ（改）となっています。1997年にF-15に機種更新しました。

F-86F 旭光
配備：1955年
機数：435機
全長：11.4m
全幅：11.3m
エンジン：J47-GE-27

F-104J 栄光
配備：1963年
機数：230機
全長：16.6m
全幅：6.7m
エンジン：J79-GE-11A

F-1
配備：1977年
機数：77機
全長：17.8m
全幅：7.8m
エンジン：TF40-IHI-801A

F-15J・DJ
配備：1981年
機数：213機
全長：19.4m
全幅：13.1m
エンジン：F100-IHI-220E

第 501 飛行隊　1974 年～ 2019 年度中 百里基地

1961 年に RF-86F を運用する偵察部隊として松島基地で編成され、1962 年に入間基地へ移動しました。1974 年に RF-4E を運用する百里分遣隊が編成されました。1975 年に本隊も百里基地に移動し偵察航空隊の改編が行われました。F-4EJ を改修した RF-4EJ も 1993 年から配備されています。

2019 年年度中に RF-4E/EJ の退役が予定されています。

第 8 飛行隊　1997 年～ 2009 年 三沢基地

1960 年に F-86F を運用する飛行隊として松島基地で編成され、1961 年に小松基地へ。F-4EJ（改）を運用したのは、配備の遅れていた F-2 への中継ぎとして 1997 年に三沢基地へ改編となってからになります。対艦戦闘を想定した洋上迷彩が話題となりつつも、2009 年に F-2 に機種更新しました。

飛行開発実験団　岐阜基地

岐阜基地の飛行開発実験団では F-4EJ を運用しています。航空自衛隊で使用する装備品の開発や試験・評価を行う部隊で、F-4EJ も搭載するミサイルの運用などの試験に用いられています。

第 1 術科学校　浜松基地

浜松基地に置かれている、第 1 術科学校は、航空機の機体・エンジン・計器・油圧・搭載レーダーや誘導武器など、主に航空機関連の整備に関する技術教育を行う、航空自衛隊の学校です。実際に整備を行う教材として F-4EJ が置かれていましたが、現在では戦闘機は F-15 と F-2 のみとなっています。

F-2A・B

配備：2000年
機数：94機
全長：15.5m
全幅：10.8m
エンジン：F110-IHI-129

F-35A・B

配備：2017年
機数：147機（予定）
全長：15.6m
全幅：10.7m
エンジン：F135-PW-100

2019年に百里基地でF-4EJ（改）を運用していた第302飛行隊は三沢基地に移動し、F-35Aに機種更新をしました。

画像：航空自衛隊HP

RF-4E/EJの偵察能力はRQ-4グローバルホークに代替されることになっています。アメリカで開発された無人偵察機で、地上から操作を行うことで、人的負担を軽減しながら長時間の偵察任務を行うことができるといわれています

RQ-4 画像：USAF

大きなレーダーを機体上部に載せた早期警戒機E-2Cホークアイは1987年から13機の運用を開始しています。レーダー性能向上と乗組員の負担軽減したE-2Dを新たに6機、取得する予算を計上しています。

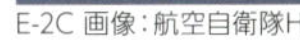

E-2C 画像：航空自衛隊HP

ファントムⅡの各部紹介

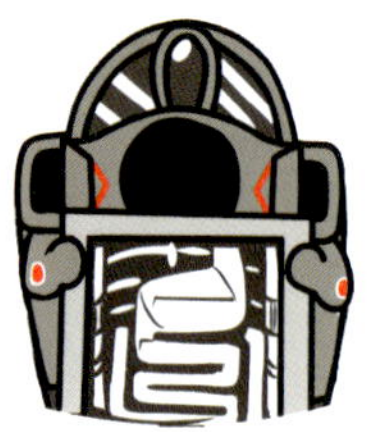

艦載機の名残が残るファントムⅡ

艦載機として開発されたファントムⅡには、各部にその名残を見ることができます。

無骨なアレスティングフックは空母甲板上に張

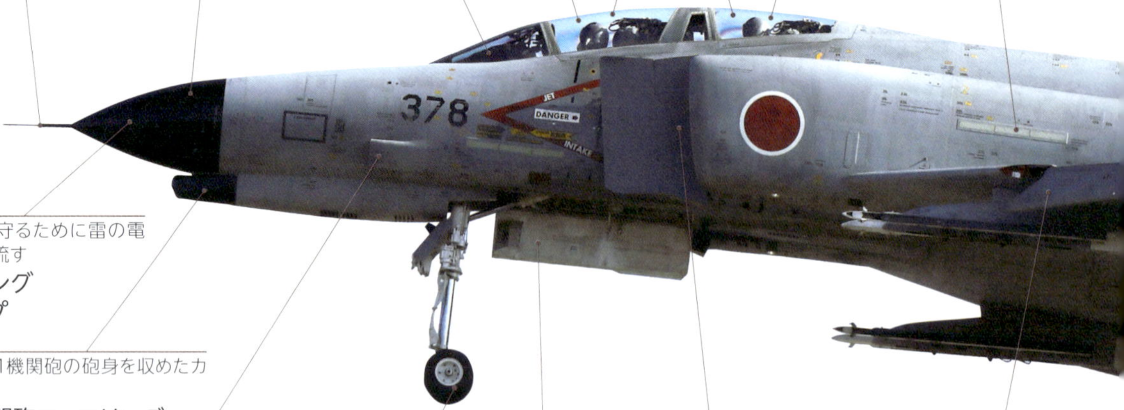

前席パイロット
ファントムⅡの操縦を主に担当している

後席パイロット
ファントムⅡの火器管制装置の操作を主に担当し、前席を補佐している

風防
前面の透明部分。キャノピーに比べて厚くなっている

キャノピー
パイロット頭上の透明部分。乗降時に開閉できる

編隊灯
夜間に機体を認識しやすくするための灯り

レーダードーム
内部にAN/APG-66レーダーを収めている

ピトー管
機体の対気速度を計測するための管

ライトニングストリップ
レーダーを守るために雷の電流を機体へ流す

機関砲フェアリング
M61機関砲の砲身を収めたカバー

電子機器冷却用エアインテイク
搭載機器を冷却するための空気を取り入れる

インテイク
J79-GE(IHI)-17エンジンに空気を取り入れる

前縁フラップ
離着陸時などで揚力を増強するための補助翼

前脚
地上では主に進行方向を変えるために使われる降着装置

前脚庫扉
前脚を収めるための脚庫の扉。飛行中は閉じられる

[百里基地外部から撮影]

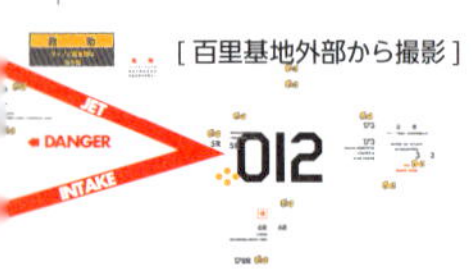

られたワイヤーを引っかけて機体を強制的に制動するためのものです。F-15などにもアレスティングフックはありますが、あくまで緊急用のためファントムⅡと比べて細くなっています。降着装置も、空母に発着艦するために前脚は長めに、主脚は頑丈に作られています。

また、主翼も外端から1/3ほどのところで折りたたむことができるようになっています。これは、垂直尾翼が低く作られていることと同じく、空母で運用しやすいサイズに収めるためです。

下面には
ミサイルの取付部がたくさん

胴体と主翼の境の凹みは、AIM-7ミサイルを搭載するためのものです。空気抵抗を減らすために、ミサイルの半分ほどが機体に埋め込まれるように装着されます。AIM-7の中央と後端の安定・誘導板は4枚ありますが、装着時には1枚が胴体内に収まるようになっています。

1982年にドイツ上空で撮影されたアメリカ空軍のF-4E。AERO-7ランチャーにAIM-7を4発、LAU-7/AランチャーにAIM-9を4発搭載している

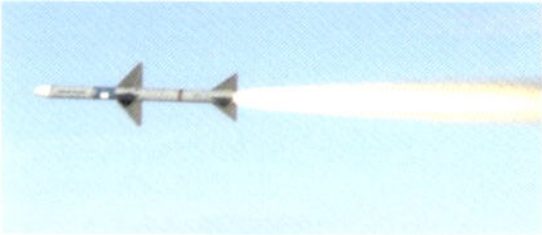

飛翔中のAIM-7［画像：USAF］

エアブレーキ
速度を落としたい時に開いて空気抵抗を増やす

対抗手段散布装置
追尾ミサイルから自機を守るAN/ALE-40

AIM-7用ランチャー
AIM-7中距離空対空ミサイルを半埋め込み式に装備するAERO-7Aランチャー

前脚扉
前脚を収めるための扉

インテイクで仕分けられた乱れた空気の流れをエンジンに入れないように排出する
境界層流排出口

ミサイルや増加燃料タンクを取り付けるために用いられる。両側にAAM-3国産短距離空対空ミサイルを搭載するためのランチャーが2つ取り付けられている
パイロン

艦載機の名残としてヒンジとなっていて折りたためる
外翼折りたたみ部

［撮影：中村俊彦（右上を除く）／百里基地外部から撮影］

F-4EJ（改）とは違う RF-4E のノーズ底面

RF-4E では機関砲フェアリングが無く、機首に計６つの窓が取り付けられ、内部に偵察に使われるカメラが収められます。

RF-4EJ は、F-4EJ と機体形状に大きな差異はなく、機体下部中央にカメラを収めた偵察用のポッドを搭載します。

機首は下面が明るいグレーになるように塗り分けられています。主翼と水平尾翼の周辺と同じように、波のように不定型に塗り分けられていますが、概ねの形状は規定されています。また、下面全体は上面周辺部の明るいグレーで塗られています

所属部隊ごとに決められているマーク

A 部隊マーク

機体の管理などに用いられる番号

B 機体番号

67-8378

a b c d

機体の識別に用いられる製造順の通し番号

C 製造番号

378

d

第301飛行隊

筑波山の「ガマカエル」に、所属する第7航空団を示す7つ星のスカーフ

第501飛行隊

川中島の戦いのキツツキ戦法を由来とした、ウッドペッカー

飛行開発実験団

衝撃波と人工衛星の軌道を図案化

［撮影：中村俊彦 / 百里基地外部から撮影］

2色のグレーに塗り分けられた機体

遠目で見るとグレー1色に見えるファントムですが、2色に塗り分けられています。これは「制空迷彩」といわれるものです。全体にグレーに塗装されていますが、機体上面の周辺部を明るいグレーとすることでシルエットを不明瞭にし、機体の形状を把握しづらくする狙いがあります。迷彩の効果によって一瞬でも相手の判断が遅れれば、優位を手にすることができるためです。

2019年4月に撮影したファントムⅡの姿。F-4EJ（改）に改修を受けた時に制空迷彩に塗装が変更されました

1991年11月に撮影されたF-4EJ。現在よりもベージュに近いガルグレーといわれる機体色、ノーズの反射光によるパイロットの眩惑を防ぐ黒い塗装、1.4倍大きな日の丸などの差が見られます

部隊マークと機体番号・製造番号の見方

A 部隊マークは、飛行隊ごとに決められたマークです。「日の丸よりも大きくない」サイズで垂直尾翼に描かれています。

B 機体番号は、規則に沿って1機ごとに振られた番号です。

a：導入年

機体が導入された西暦の1桁目です。ファントムⅡは1971年～1981年に導入されているので、「1」の場合は1971年か1981年のいずれか。「2～0」であれば「1972年～1980年」に導入された機体だということが分かります。

b：機種

機種ごとに番号が決められています。F-4EJ・F-4EJ（改）・RF-4E・RF-4EJはいずれも「7」になります。

c：航空機の種類

戦闘機は「8」偵察機は「6」と、航空機の種類ごとに番号が決められています。

d：製造番号＝機首 **C** と同じ

何番目に導入された機体なのかを知ることができます。F-4EJでは「301～440」が、RF-4Eでは「901～914」が使われています。

このことから、この機体は「第301飛行隊に所属している1976年に導入された78番機目のF-4EJ（改）」だということが分かります。

画像提供[1]梅組#409：ピースキーパー@ystk4,入間基地,19911103

第 501 飛行隊のリコン(偵察)ファントムII スペシャルマーキング登場！

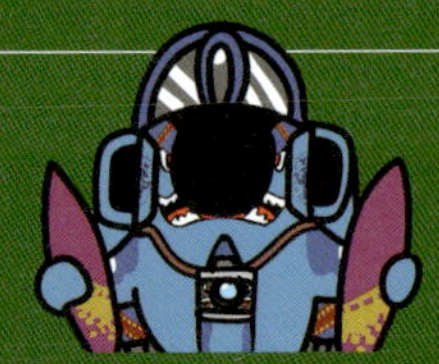

2019 年 4 月下旬、百里基地外部から撮影をしていたカメラマンが、RF-4E の特別塗装機をキャッチ。残り 1 年を切った第 501 飛行隊を記念したもののようです。

偵察飛行隊であることを表すカメラフィルムのデザインに、RF-86F 運用部隊として編成された 1961 年から RF-4E/EJ の運用を終える 2020 年を、機体のシルエットとともに描いています。

垂直尾翼にはうっすらとですが、RF-86F から RF-4E 運用当初まで使われていた「光とレンズ」をイメージしたマーキングが再現されています。これは、2011 年の偵察飛行隊 50 周年記念塗装へのオマージュにも見えます。

2011年に偵察飛行隊50周年記念として施された特別塗装

1

画像提供[1]偵察航空隊50周年記念塗装機：TAKA@alice_herb.岐阜基地.2011127
[撮影 [A]：清田明美 / 百里基地外部から撮影]

A

洋上迷彩といわれる青系の迷彩をまとったRF-4Eにも特別塗装が施されました。3本のタンクもセピアに塗られ、カメラのフィルムがデジタルに分解されていく様子が描かれています

RF-4Eと比べてダークトーンの迷彩となるRF-4EJ。機首に描かれたシャークマウス（シャークティース）も特別な塗装となっています

［百里基地外部から撮影］

ファントムIIの好きなところ

1 Twitterで聞いてみました

68 途中で折れ上がった主翼と下向きの水平尾翼のミスマッチ

下向きの水平尾翼に、折りたたみ部から上向きになった低翼の（胴体の低い位置に付けられた）主翼こそ、ファントムIIの強烈な個性です！

@nite103 外翼の上反角と下反角がついた尾翼とのコントラスト。やっぱりこれです(^-^)♥21／@tate_zou 下向きの尾翼が好きです♪♥15／@Matz_matsuyama 低翼配置とドックトゥース&反りのある翼端が特徴の主翼と、主翼に対して高い位置にある水平じゃなく下がっている尾翼のアンバランス感が、このファントムIIの独特な雰囲気を醸し出していると改めて思った次第です(`・ω・´)♥7／@turborr3 主翼の＼(^-^)／ばんざいと、尾翼のへ(^○^)へのじのバランス♥3／@_spica306_ もはや水平尾翼とは呼べないスタビライザーがスキです。（矢羽みたいでカッコイイ！）♥2／@shotgunshoot 大きく下半角の付いた尾翼！♥2／@fightingdragon3 主翼の形状かなぁ♥2／@fightingdragon3 あのちょいと上がった角度が他の戦闘機と違ってファントムらしさを際立てているように感じます(´∀`*)♥2／@misaki_suckit 主翼の反ってる部分ですかね。 イーグルやF-2にはない、あの反りが良いですね。♥1／@C2d4xQe97WaM/s5 やっぱ主翼の曲がり具合♥1／@zenirouone 外翼の上反角と下向きの尾翼、主翼が機体の下の方についてる所が好きです！♥1／@falcon307625 F-4独特の形状をした主翼が好きですね～♥1／@eagleplus928 低翼配置の主翼の上半角がついた外翼と、下半角がついた尾翼の絶妙なバランスもイイ。♥1／@rf09211 主翼翼端上半角とドッグトゥースに惹かれます(^^)v♥1／@inocchi_itasya 主翼の上反角と尾翼の下反角の相反する翼の向き。♥1／@Yatowareteitoku 下反角のついた水平尾翼(水平じゃない)♥1／@sio67414804 外見は垂直尾翼と、下斜めについた水平尾翼。いい感じに3分割されてて。♥1／@ENR34love2 反り上がってる主翼と下に垂れてる(?)水平尾翼のギャップが好きです♥1／@Mr_Hiromasa 主翼の上がり方がめっちゃ好き♥1／@AsaTsuki03F4 やはり主翼ですかね…上昇して機体が上がった時に、ベイパーコーンが発生する時が頑張ってる！って思います o(>ω<*)o 尾翼も可愛いくて好きです！♥1／@yamato_craw 逆ガルな感じの主翼♥1／@karyokuya 後ろから見たときの尾翼好きです♥1

1

59 エンジンが収まる胴体側面は丸く艶めかしいボディライン

長方形に近いインテイクから真円のノズルに向かって緩やかに形状を変える胴体側面は、ファントムIIの無骨な第一印象を、「グラマラス・もちっと」へと変える魅惑ポイントですね。

@uwofisher 機体横、エンジン後半部分の曲線です。♥18／@alpscrew マッチョな感じなのに、曲線美なボディ！(≧∀≦)♥9／@hamazk エアインテイクからエンジンノズルにかけてのラインですね。ぽってりとしたグラマラスな背中のラインが堪りません (*´Д`*) ﾊｧﾊｧ♥6／@schneien F15よりも曲線的なフォルム F2よりもモチッとしたフォルム♥5／@phantom_k_s インテイクからエンジンにかけて角がなだらかに変わっていくとこ 背中はピンッと一直線なのに腹周りは丸まってるところ♥3／@akemi127 艶めかしいボディライン♥3／@usushio53 エアインテークから排気ノズルにかけてのラインがマッシブかつグラマラスで大好きです！(*°∀°*)♥3／@t_o_k_i_n 丸をつけた所が特に好きですね 曲線…！(´Д`三´Д`*)hshs♥2／@h_kobaMk2 斜め45°位から見た「ここにJ79搭載してます!」という感じの曲線のボディラインと排気ノズル周辺。退色したパネルラインは風格があります。♥1／@tomcaaat エアインテイクから排気口までのライン。♥1／@Qsuke0330 機体側面、エアインテイクの最初ポッコリからの後部で滑らかになる曲線。 美しい…♥1／@subaruyozora このなんとも言えないポテッとしたフォルムが大好きです♥1／@Lynn323F 斜め後ろから見た、エンジンの膨らみ方が良いよね～♥1／@kawasemi_exe スラッとした感じとこの辺の撫でたくなるようなモッコリ感大好きです♥1／@takuma3249 丸くもちっとしたフォルム♥1／@LiUHBF8NyhKcKnf ぶっといノーズとエンジン回り全部。♥1／@3Uepe キャノピーから後ろのずんぐりしたフォルム♥1／@frou_0 機体に占めるエンジンの大きさがわかる、このアングルが好きです♥1

2

画像提供[1]My sweet Lover：栗原 翼@-,百里基地,2015／[2]ガッツポーズ：井上 健@k_inoue1969,岐阜基地,20181118

ファントムⅡファンのみんなに「ファントムⅡの好きなところ」をTwitterで意見を集めたら、397票もあつまりました。「愛おしくないところなんてないです」という愛情たっぷりの意見から、機首側面のコーションマーク（取り扱い注意などが書かれた機体表面の文字）というディテールまで、多様。

ここでは、独断でカテゴリ分けをして集計したうち、上位7位までを発表します。

3

♥43 後ろ姿の魅力は多彩

長く伸びたテールエンドには、無塗装の遮熱板・ドラッグシュートカバーの「顔」・カブトムシのツノのような燃料排出口と、魅力が満載。

@zzw30maki 丸いフォルムで可愛いお尻が好きです。♥13／@sirase0302 イーグルたちと違って下がったお尻を感じる後ろ姿♥7／@takajdk やっぱりお尻ですかね♥5／@sansaiyaro1923 テールの顔っぽいところ♥8／@_AH_64_Apache エンジンノズルから尾翼にかけてのラインです!♥2／@NJM4580 迫力のあるアレスティングフックですかね・・・ 少しごつごつした感じの戦闘機らしさが好きです。♥2／@yoshi1105jp バッタのお腹の様な尻尾の地金部分と尾翼の地金部分のハーモニーが最高です！♥2／@han_myou 案外複雑なスタビレータの付け根。模型で動かそうとすると再現が難しいです。♥1／@nNabdvPGLHXdFJN 尾翼の付け根の無塗装の金属の部分です！♥1／@Kedamfriends 斜め下に出るアフターバーナー！♥1／@TanyBB エンジンの噴出口がヘニャッと少し下向いてるとこと、機体下面ののっぺりした感じ。♥1／@rosikishinden 駐機している時に尾翼したから見上げる巨大さです♥1

4

♥30 鋭く表情を変えるノーズ

真円の先端から複雑に曲面を変えながら、胴体へとつながっていくノーズは、ファントムⅡに鋭いイメージを与えています。

@sirase0302 機首から胴体へ向かう曲線美♥14／@koukun_T1j8n このくらいの角度の時だけ見えるノーズへの"くびれ"♥6／@taskforce74205 やはり、太い胴体からキュッと伸びたノーズまでのラインに引かれます…♥2／@0816Monhan 胴から機首、レドームと徐々に丸くモチっとしていくラインが好き♥1／@tomcaaat 機機首から後席キャノピーまでのライン。♥1／@kaikatou 長いノーズから、インテーク、主翼への複雑な形状がたまりません！♥1／@todo3110 無理やり全天候レーダー載せてしたお陰で複雑な形状の機首（未だにその辺が正確なプラモデルが出てないところ）好きだ♥1／@nbkymmt エリアルールが採用されたインテークからノズルにかけての滑らかな曲線。♥1／@Sakurakouri 機体の鼻がスゴいシュッとしてるところ♥1／@furu49144635 機首部分の形状が好きです。♥1／@qapta014 可愛くも凛々しい横顔です♥1

5

♥29 豪快そのもの、エンジン音

吸気を全て燃やしつくす豪快なエンジンから発せられる、ターボジェットならではの音は、耳だけでなく心も震わせられます。

@sirase0302 AGGで、遠くから会場に入ってくる時の「ひゅるひゅるひゅる、ふぉーーーん、ひゅーーーん」 機体が自分の目の前を通った瞬間に突如訪れる「ずがぁぁぁああ、ばぁぁぁああ、バリバリバリ～」音と機体のカッコよさ♥8／@snowliner11 敢えて言うなら、J79の爆音でしょうかねー。♥5／@DH4EM8m6qKm0vd やっぱり、あの排気音が最高♥4／@oem0319 タキシングのときのアイドリング音です♥3／@F2A69038401 やっぱりあの音ですね。爆音はたまりませんw♥3／@oCGkJvhPtz4GmbW あの腹に響く爆音が堪りません！♥2／@rittosugar 爆音ですかね…♥2／@YamadaYosihito 爆音と離陸前にパワーアップする時の音が良いな！♥1／@tae_no_te 爆音。基地のフェンス際で聞く内蔵まで震えるバーナー。大洗海岸で、響いてきて空に探すあのシルエット。…寂しくなるなぁ。♥1／@nao41407926 「キュイーン」って近づいて「ゴゴゴッッ」って去っていく音が好きです ハート撃たれたって思う♥1

6

♥25 2つのキャノピー

キャノピーを2つ開いたまま走行する姿は、ファントムⅡの「時代」を感じさせてくれます。

@shiitakemeshika キャノピーの開いた姿ですね。♥5／@ponkotu_Alfa 前後別体のキャノピーが好きです F-2・F-15の一体物とは違った良さがあります！！♥4／@negitamaCset 分割式のキャノピー！♥4／@tuna_kandes キャノピーを開けたまま転がってくる姿がホントに好きです♥2／@Photo_K2maru キャノピーの開き方が好きですね('-')♥2／@YMsfm キャノピーが二個上がってるとこ。♥1／@dd110takanami コックピットのキャノピーが席ごとに開く所とかは最近の戦闘機にはない魅力！♥1

7

♥18 ノーズ下の機関砲

M61機関砲のフェアリングから覗く6本の砲身は、ファントムⅡの「強さ」を感じます。

@f22_aces2 少し左にオフセットされたガンノズルの穴♥6／@kazu31386031 見るからに後付けという、主張の強いバルカン砲とスプリッターベーンが好きです♥5／@eCxlgvhloBVcT1C 機体の中心線に正々堂々とついてるバルカン砲♥3／@O9eglipY9LAJMhh ノーズコーン下の銃口♥3／@jasdf9406 一番はガン・マズル・フェアリングがお好みです。♥1

画像提供[3]**Last Phantom：Dai**@Dai8674,百里基地,20181202／[4]**雨上がりのオジロワシスペマ：satoshi**@satoshi53688218,松島基地,20180826／[5]**-：石川正光**@90MBT,百里基地,20181120／[6]**日常：さと坊**@sirase0302,百里基地,201812-／[7]**背中に朝日を浴びた尾白鷲：Yoshi**@yoshi_lq,岐阜基地,20181118

ファントムⅡの好きなところ

2 隊員の方達に聞いてみました

回答者 統括班長

Q1 ファントムⅡを初めて知ったのはいつ頃、どのような場面でしたか?
生徒隊3年の時に入校した中級ジェット整備員課程

Q2 ファントムⅡの第一印象はどのようなものでしたか?
これぞ戦闘機っていうフォルムだなと思った。

Q3 ファントムⅡの好きなところ・嫌いなところを教えてください。
●好きなところ
手がかかって大変なところが子供みたいで好き。あと重低音。
●嫌いなところ
ない

Q4 作業の難しいことはどのようなことですか?
何をするにも職人が必要になる。

Q5 ファントムⅡならではの「カラダのここがつらい」という作業はありますか?
高さがないので腰やひざが痛くなる。

Q6 お気に入りの機体や、愛称をつけている機体はあるのでしょうか?
昔のターゲット(ダート)を引っ張っていた機体等は
ねじれていて真っ直ぐ飛ばないと聞く。

Q7 ファントムⅡを送り出す時に必ずやっていることはありますか?
パイロットに"気を付けていって来て下さい。"と毎回言っている。

POINT 知識・技術・経験の全てが必要となるファントムⅡを、愛情を持って整備している姿がうかがえます

POINT T-4 の F3-IHI-30B 国産エンジン音は、ターボファンであること、出力がファントムⅡの 1/3 などの理由から、ファントムⅡと比べて静かになっています

回答者 列線整備

Q1 ファントムⅡを初めて知ったのはいつ頃、どのような場面でしたか?
百里に配属された時に初めて見た

Q2 ファントムⅡの第一印象はどのようなものでしたか?
T-4の街で育ってきたのでとにかく音がでかい

Q3 ファントムⅡの好きなところ・嫌いなところを教えてください。
●好きなところ
とにかくかっこいい
●嫌いなところ
ない

Q4 作業の難しいことはどのようなことですか?
機体が古いのでとにかく手がかかる

Q5 ファントムⅡならではの「カラダのここがつらい」という作業はありますか?
機体の下にとっき物が多いのでぶつけやすい

Q6 お気に入りの機体や、愛称をつけている機体はあるのでしょうか?
機付長になった機体はどれも思い入れがある

Q7 ファントムⅡを送り出す時に必ずやっていることはありますか?
行く前と帰ってきたときに最初と最後に見た
パイロットの名前を呼んでいる

回答者 航空機整備員

Q1 ファントムⅡを初めて知ったのはいつ頃、どのような場面でしたか?
私が小学2年生の頃、父親が作ったプラモデルを見て知りました

Q2 ファントムⅡの第一印象はどのようなものでしたか?
"強くて頑丈"なイメージでした。

Q3 ファントムⅡの好きなところ・嫌いなところを教えてください。
●好きなところ
航空自衛隊で唯一使われているマーチンベイカー社製の射出座席を使用している所。(たくさんある中で)
●嫌いなところ
F-4ファントムが好き過ぎてもう離れられなくなっている
自分が嫌いです。

Q4 作業の難しいことはどのようなことですか?
他機に比べ熟練と手間を要するため
そのなかでもタイヤ交換作業が難しいです。

Q5 ファントムⅡならではの「カラダのここがつらい」という作業はありますか?
機体自体が低いので中腰での作業がつらいです。

Q6 お気に入りの機体や、愛称をつけている機体はあるのでしょうか?
私は機付長としての業務も行っていますので
自分に任せられている航空機には特に愛着が湧きます。
愛称は「にいにい」※422号機にちなみ

Q7 ファントムⅡを送り出す時に必ずやっていることはありますか?
誘導して最後に親指を立てて"GOOD LUCK"の
意味を込めて送り出しする。

1 POINT F-15とF-2はコリンズエアロスペース社(ダイセル社によって国内生産)の射出座席を使っています

POINT 取材時にも、作業箇所を直接見ることができないような作業を行っている様子も見られました

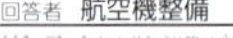

回答者 航空機整備

Q1 ファントムⅡを初めて知ったのはいつ頃、どのような場面でしたか?
自衛隊に入隊した後

Q2 ファントムⅡの第一印象はどのようなものでしたか?
とてもかっこよく大きいと感じた

Q3 ファントムⅡの好きなところ・嫌いなところを教えてください。
●好きなところ
空を飛んでいる姿
●嫌いなところ
F-15やT-4にくらべ整備量が多い

Q4 作業の難しいことはどのようなことですか?
こまかいスキマなどで指先を使った作業が多くとても難しい

Q5 ファントムⅡならではの「カラダのここがつらい」という作業はありますか?
F-15にくらべ低いので常に中腰での作業のため「腰」がつらい。

Q6 お気に入りの機体や、愛称をつけている機体はあるのでしょうか?
自分が機付長をつとめる「378」号機がお気に入り

Q7 ファントムⅡを送り出す時に必ずやっていることはありますか?
送り出す時はどんなに急いでいてもいそがしくても
敬礼は必ず行うようにしている。

POINT 忙しく飛行前の点検の作業を行っていたAPGも、機体がタキシングを始めると背筋を伸ばして敬礼をしています

回答者 F-4の整備に使用する機材の整備管理業務

Q1 ファントムⅡを初めて知ったのはいつ頃、どのような場面でしたか?
自衛隊入隊後教育隊の授業で

Q2 ファントムⅡの第一印象はどのようなものでしたか?
術科学校で実機を初めて見て威圧感があり、この飛行機を
整備できたらやりがいある仕事ができるだろうと感じた。

Q3 ファントムⅡの好きなところ・嫌いなところを教えてください。
●好きなところ
新隊員の頃からF-4の教育を受けてきたのでエンジン音を
聞くだけでも背筋が伸びるというか気が引き締まってしまう。
●嫌いなところ
同上

Q4 作業の難しいことはどのようなことですか?
他機種(F-15、F-2)と比較すると全て難しい作業になります。

Q5 ファントムⅡならではの「カラダのここがつらい」という作業はありますか?
機体上面ではバランスや体幹、タイヤ交換は腕、腰、足、
機体下面では首。結局全ての作業で全身がきついです。

Q6 お気に入りの機体や、愛称をつけている機体はあるのでしょうか?
お気に入りの機体や愛称はありません。整備に携わるすべての
機体に愛情を注ぎ同様の気持ちで作業するようにしています。

Q7 ファントムⅡを送り出す時に必ずやっていることはありますか?
パイロットに対して敬礼をして送り出していますが
実は機体に対して敬礼している方が強いです。

画像提供[1]ファントムライダーズを知るもの：kazzyy@kazzyy1968,岐阜基地,20161031

ファントムⅡのパイロットと、列線の整備員（ファントムⅡの整備を最前線で行っている整備員）にも、ファントムの好きなところを聞いてみました。

「さすが、プロは違う！」という意見から、「私たちと、変わらないね。」という意見まで、さまざま。さらに、第一印象や嫌いなところまで聞いてみました。初対面も子どもの頃から、自衛隊に入隊してからと、千差万別です。

TACネーム Dx(でら)

Q1 ファントムⅡを初めて知ったのはいつ頃、どのような場面でしたか?
小学生の頃、親戚の家(宮崎県)に泊まりに行った時、深夜に飛行機の爆音が聞こえて調べてみたらF-4であり、そこで初めてF-4の存在を知りました。

Q2 ファントムⅡの第一印象はどのようなものでしたか?
エンジン音がうるさい

Q3 ファントムⅡをはじめて操縦した時は、どのような印象でしたか?
操縦が難しかったので乗りこなせるか不安でした。

Q4 ファントムⅡの好きなところ・嫌いなところを教えてください。
●好きなところ 操縦者の技量の差が如実に出る所
●嫌いなところ 地上でエアコンが効かない所

Q5 ファントムⅡに乗る時に必ずやっていることはありますか?
外部点検時に「今日も宜しくお願いします。」と話しかけています。(F-4は大先輩なので敬語です。)

Q6 お気に入りの機体や、愛称をつけている機体はあるのでしょうか?
私は、愛称は付けてないです。ですが**440号機のみ「よんよんまる」ではなくて「ししまる」**と呼んでいます。

Q7 タンクの位置や有無など好きな理由はありますか?
CLEAN形態(最大性能を引き出せるから)

2 最後に生産されたF-4EJとなる440号機。ファンの間でも「ししまる」と呼ばれています

POINT

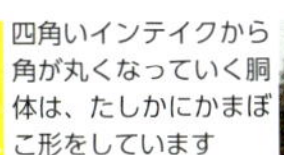

3 四角いインテイクから角が丸くなっていく胴体は、たしかにかまぼこ形をしています

POINT

TACネーム ピート

Q1 ファントムⅡを初めて知ったのはいつ頃、どのような場面でしたか?
高校生の時、航空自衛隊の広報パンフレットで。

Q2 ファントムⅡの第一印象はどのようなものでしたか?
かまぼこみたいな変な形

Q3 ファントムⅡをはじめて操縦した時は、どのような印象でしたか?
地上、上空ともにとにかく重い。

Q4 ファントムⅡの好きなところ・嫌いなところを教えてください。
●好きなところ 空対地、空対艦の兵装ができる
●嫌いなところ 燃費がよくない

Q5 ファントムⅡに乗る時に必ずやっていることはありますか?
とくにありません

Q6 お気に入りの機体や、愛称をつけている機体はあるのでしょうか?
機体ごとの個性に気づけるほど繊細でないため分かりません

Q7 タンクの位置や有無など好きな理由はありますか?
空対地のフル兵装

TACネーム 58(ゴーヤ)

Q1 ファントムⅡを初めて知ったのはいつ頃、どのような場面でしたか?
航空学生時代で、同期の話から

Q2 ファントムⅡの第一印象はどのようなものでしたか?
力強そうなイメージ

Q3 ファントムⅡをはじめて操縦した時は、どのような印象でしたか?
F-15、F-2と比べてぜんぜん違うと聞いていたけど、そんなに操縦感覚に違いはなかった
あと、その他の機体と違い、F-4らしい音がする。(乗ってて)

Q4 ファントムⅡの好きなところ・嫌いなところを教えてください。
●好きなところ じゃじゃ馬、重量感がある
●嫌いなところ 乗っている人によって個性が出る
よく食べる(燃費が良すぎる)

Q5 ファントムⅡに乗る時に必ずやっていることはありますか?
ノーズあたりをやさしくたたいて「よろしく」と心の中で思う

Q6 お気に入りの機体や、愛称をつけている機体はあるのでしょうか?
435号機(戦競のときの相棒)

Q7 タンクの位置や有無など好きな理由はありますか?
2TANK形態(F-4らしい形が出る)

4 パイロットは普段、特定の機体に乗ることはないのですが、戦技競技会では練習段階から相性の良い機体を優先して使用することがあるようです

POINT

5 ファントムⅡのターボジェットエンジンは、F-15などのターボファンエンジンよりもレスポンスが良いそうです

POINT

TACネーム レンゲ

Q1 ファントムⅡを初めて知ったのはいつ頃、どのような場面でしたか?
高校生の頃、航空関係の月刊誌を書店で購入し知りました。

Q2 ファントムⅡの第一印象はどのようなものでしたか?
無骨であるが洗練されており、魅力的な航空機だと思いました。

Q3 ファントムⅡをはじめて操縦した時は、どのような印象でしたか?
航空機の速度及び高度変更並びに機動による空力特性の変化を操縦桿、機体の風切音等により体幹できる飛行機だと思いました。

Q4 ファントムⅡの好きなところ・嫌いなところを教えてください。
●好きなところ 前後席で協力しながら任務達成できる所。**JET ENGINEなのでPOWER RESPONSEが機敏**な所。
●嫌いなところ 地上にいるとエアコンがきかないので、夏場の地上滑走で汗ダクになる所。

Q5 ファントムⅡに乗る時に必ずやっていることはありますか?
外部点検終わった後に腕立てふせ約20回

Q6 お気に入りの機体や、愛称をつけている機体はあるのでしょうか?
どの機体もそれぞれ整備員が魂込めて整備してくれていますので、全ての機体がお気に入りです。

Q7 タンクの位置や有無など好きな理由はありますか?
実戦では3Tankで出撃すると思いますが、訓練上、機動及び使用可能燃料を加味するとCenter Line Tank形態が一番好きです。

TACネーム MARS(マーズ)

Q1 ファントムⅡを初めて知ったのはいつ頃、どのような場面でしたか?
中学生の頃、授業中に飛んでいる戦闘機を教室の窓から見かけた。学校の先生がF-4だと教えてくれた。

Q2 ファントムⅡの第一印象はどのようなものでしたか?
憶えていません。

Q3 ファントムⅡをはじめて操縦した時は、どのような印象でしたか?
重い。だけど縦方向に安定しないと感じた。

Q4 ファントムⅡの好きなところ・嫌いなところを教えてください。
●好きなところ ずぶとく見える胴体だけど**エリアルールで胴体がキレイにくびれている**所
●嫌いなところ あるわけがない。

Q5 ファントムⅡに乗る時に必ずやっていることはありますか?
外部点検時にノーズをなでる
エンジンのノズルを握って「よろしく」って念じる
フライト前に冗談でマイナスなことは言わない。(言葉には魂が宿ります)

Q6 お気に入りの機体や、愛称をつけている機体はあるのでしょうか?
特にお気に入り:427号機 308号機
愛称:440(シシマル)439(ヨサク)390(サンクマール)

Q7 タンクの位置や有無など好きな理由はありますか?
3TANK、ミサイル、チャフ、フレア、ECM機材フル装備(任務達成のために最大限戦うベストな形態だと思ってます。)

6 音速を超える速度を出しやすくするために、断面積が緩やかに増えるように設計されています。インテイクによって断面積が増える分を緩やかにするために、機体下部が凹むような設計になっています

POINT

画像提供[2]亡霊謁見：佐藤 翔@sugar2006816,築城基地,20181125／[3]ラストチャンス：オダ兄@-,浜松基地,20161201／[4]チームワーク：Hagetaka_1@Hagetaka_1,那覇基地,20071209／[5]ブルーバーナー：もともと@moto1021,百里基地,20161127／[6]ローパス：うま@phantom_k_s,百里基地,20181202

ファントムⅡに会いたくなった朝

Route#01

ファントムⅡを見られるのは百里基地か岐阜基地だけ

現在、ファントムⅡを運用しているのは百里基地と岐阜基地だけ。百里基地なら都内から近く、2時間ほどで到着できます。

第301飛行隊の運用するF-4EJ（改）か、第501飛行隊のRF-4E/EJが飛ぶところを見られるように願いつつ、百里基地に向かいます。

住所　：茨城県小美玉市百里170
Twitter　：@jasdf_hyakuri

1 茨城空港からスマートフォンでも、専用望遠レンズを使えば、上空を飛ぶファントムⅡを撮影できます

2 茨城空港公園に展示してあるファントムⅡの前脚庫には、スズメが住んでいるようです

Route#02

目的地を茨城空港に設定して出発

カーナビに茨城空港を目的地に設定して出発します。国内線・国際線が就航する茨城空港は、ファントムⅡを運用している百里基地と同じ滑走路を使っているのです。

常磐自動車道を降りる千代田石岡ICまでの間にサービスエリアは守谷しかないので、ここで一休み

千代田石岡ICで常磐自動車道を降りて、30分ほどで茨城空港に到着。インターチェンジから空港まで、誘導看板があちこちに出ているので、迷わずに走ることができました。

遠くに茨城空港が見えてきました。バイパスの工事も進められていて、アクセスはさらに良くなりそうです

空港利用者用駐車場を通り過ぎて、臨時駐車場にクルマを停めたら、カメラをかかえてすぐ隣の空港全体を見渡しやすいスポットに移動します。

茨城空港の臨時駐車場に隣接する茨城空港公園には2機のファントムが展示されています

ここで2機のファントムⅡと対面。運用を終えた第302飛行隊のF-4EJ（改）と第501飛行隊のRF-4EJの2機が展示されています。

画像提供[1]帰還：田中 葵@chibiaoi0524,茨城空港,20190313／[2]翼を休める仲間たち：急行鷲羽ちゃん@nakatai_minbu,茨城空港,20180323

Route#03

ファントムⅡが飛ぶところを見られた

空港公園に設けられた高さ 2m ほどのマウンドに登ると、滑走路全体が見渡せます。

視界の手前には主に民間機が使用する西滑走路、奥に主に自衛隊機が使用する東滑走路があります。その奥に管制塔や格納庫などの百里基地の施設群が立ち並びます。

格納庫の前には数機のファントムⅡが規則正しく並べられ、その周囲で作業している人影も見えます。カーキ色の車両が動き出し、エンジンの音が聞こえてきました。

タクシーしていく3機のRF-4Eが見えました

30 分ほどして、3 機のファントムⅡが滑走路の北側に向かって誘導路を移動していき、視界から消えます。ほどなくして、力強いジェットエンジンの音が聞こえてきたと思うと、滑走路で加速したファントムⅡはあっという間に地上を離れ、降着装置を収納して高度を一気に上げながら左に旋回して、東へと飛び去ります。

南風を受けて百里基地側の滑走路から離陸するRF-4E。私のPENTAX K-s1（35mm換算焦点距離300mm）でも、トリミング無しでこのくらいの大きさで撮影できます

Basic knowledge

百里基地と茨城空港

約 425 万㎡の百里基地の敷地の中に、ほぼ南北に向いた約 2,700m の滑走路が平行に 2 本あり、その東側に百里基地の施設が並んでいます。

1965 年に百里飛行場が完成して翌年に百里基地が発足します。1967 年に第 7 航空団司令部が入間基地から移駐してくると、首都圏防空の任を担うようになります。

現在の百里基地には、F-4EJ（改）を運用する第 7 航空団が置かれています。さらに、中部航空施設隊第 3 作業隊・基地警備教導隊・百里救難隊・百里管制隊・移動管制隊・百里気象隊なども所在しています。RF-4E/EJ は、航空総隊に所属する第 501 航空隊が運用しています。

滑走路の西側には 2010 年に国内・国際便の就航する茨城空港が開設し、年間 60 万人以上の乗降客が利用しています。

太平洋上にある訓練空域に向かったようです。百里基地では春～秋は南風が吹くことが多く、飛行機は風上に向かって離陸し風上に向かって着陸するので、茨城空港公園からは滑走路の北側のファントムⅡが滑走を開始するところは見ることができません。

Route#04

茨城空港周辺のオススメスポット

格納庫前に見える他の機体に動きはないので、午前中の離陸は一段落したようです。茨城空港のターミナルビルの2階には、フリースペースがあるので、遅めの朝食をとることにしましょう。

フリースペースの窓からも、滑走路を見渡すことができます。ちょうど、那覇へ向かうスカイマークのボーイング737が離陸へと向かうようです。

スカイマークエアラインの機体が誘導路を北へ移動していきます

のんびりしていると突如、轟音が。ファントムⅡが2機、滑走路上空を南へ編隊を組んで飛んでいきます。送迎デッキへ飛び出て空を見上げると、順番に着陸するために1機ずつ左に旋回して再び北へ向かっていきます。

茨城空港から離れたところから眺める、滑走路へ降りていくRF-4E

機尾から赤いドラッグシュートが開いて速度を落とし、滑走路の南端で誘導路へと曲がっていきます。2機目も同じように目の前を通り過ぎていきます。キャノピーを開いたファントムⅡは格納庫の前まで戻り、隊員が走り寄って飛行後の点検が開始されたようです。これで、午前中の飛行はおしまいなのでしょう。

近くの「いしざき」で刺身定食。ヒラメの刺身は厚切りで美味しかったですよ

クルマに戻り近くの食堂へ。この日は、地元の人に教えてもらった魚料理が美味しいお店に行ってみました。店内にはファントムⅡの写真も飾られています。百里基地のある小美玉市は農業・酪農も盛んで海も近いことから、美味しいものがいろいろ食べられるのも楽しみの一つです。

Route#05

「雄飛園」でファントムⅡの歴史に触れる

間近でファントムⅡを見たくなったので、百里基地の正門へ向かいます。正門前にクルマを停めて警衛所で「雄飛園に行きたいんです」と伝えて入館記録を記入し、見学の注意を聞いてからゲートをくぐります。

記念塗装が施されたままの姿で展示される302号機

F-86やF-104を眺めながら、目的のファントムⅡ 302号機へ。配備された第302飛行隊と同じ番号を持つ機体で、アメリカで製造されて航空自衛隊のファントムⅡとして日本の空を初めて飛

んだ２機のうちの１機という、歴史のある機体です。下に潜り込んで各部をじっくりと眺めていると、滑走路の方向からエンジン音が聞こえてきます。午後の飛行訓練に向かうのでしょうか、東へと飛び去るファントムⅡを見送りながら、正門を再びくぐり運転席へ。

Route#06

ファントムⅡの御朱印を頂きに

今度は百里神社へお参りに行きます。「ファントムⅡが全機、無事に役目を終えることができますように」とお願いして。

百里神社は百里原海軍航空隊の守護神として祀られていました

そこで友人からお土産を頼まれていたのを思い出し、「空のえき そ・ら・ら」で小美玉ヨーグルトを買ってから、素鵞（そが）神社へ向かいます。

百里神社が素鵞神社の兼務社となっています

素鵞神社では、百里神社御朱印帳に、ファントムⅡの御朱印を頂きます。ほかにF-15J・T-4・F-35A・F-2の御朱印もあるのですが、１回で頂けるのは一つだけ。全ての御朱印を集めたくなります。

これで私の「ファントムⅡに会いたくなった一日」も終わり、帰途につきました。

Additional Information

茨城空港のすぐ近くにある、関東地方ではあまり見かけることのないセイコーマート。独特な商品が多く、軽食がオススメ

臨時駐車場とはいえ、となりに公衆トイレもあり、空港施設も近いので便利です

茨城空港のフリースペースにあるカフェでアイスコーヒーと、焼きたてのクロワッサン

茨城空港のフリースペースでの昼食もお奨め。大きなソースカツ丼はボリュームたっぷり

雄飛園に置かれた、百里基地にF-4EJ飛行隊が発祥したことを記念した石碑

「空のえき そ・ら・ら」は、ファントムⅡグッズもあるので、探してみましょう。地元の農産物もたくさんあるので、お土産を買うのに最適です

素鵞神社では百里神社の御朱印帳を頂くことができます。そこにはファントムⅡの姿が

— ファントムⅡに興味をもったきっかけは？

知り合いのフォロワーさんが熱心なファントムⅡファンで、カッコいいファントムⅡの写真をツイートしていたので、興味をもつようになりました。

— ファントムおじいちゃんの姿は、すぐに決まりましたか？

ふと「ファントムⅡをキャラ化したらどうなるんだろう」と、軽い気持ちで描いてみたのがお化けの姿でした。「せっかくだから足をつけよう」と、足を描いてみたら、たまたまおじいちゃんになりました。そこから少しずつマイナーチェンジして、今の姿になっています。

— これからのファントムおじいちゃんの計画はありますか？

もう退役が迫っているのでファントムおじいちゃん特別記念グッズを作りたいなと思っています。作者として、夢はファントムおじいちゃんアニメ化で…

初期のファントムおじいちゃん

隠居後のファントムおじいちゃんは、こんな感じ？

ファントムおじいちゃん無頼

GRANDPA PHANTOM

「**ファントムおじいちゃん**が生まれるまで」を**にしにしさん**に聞いてみました。

— ファントムおじいちゃんを描くようになって、どんなことがありましたか？

当時は艦艇擬人化を主に描いていて、ファントムおじいちゃんはおまけみたいな感じでした。それが段々と人気が出始め、今はファントムおじいちゃんがメインになりました。

また、ファントムおじいちゃんがきっかけでいろいろな方たちとのご縁ができました。

第302飛行隊からファントムⅡが引退した時の記念イラスト

— 2018年の百里航空祭では、あちこちで見かけました。どんな経緯があったのでしょうか？

基地関係者の方より知人を通して「ファントムおじいちゃんを使いたい」との連絡を頂きました。その方は、同人誌を読んで、ファンになってくださったみたいです。

百里航空祭で活躍するファントムおじいちゃん

同人誌の表紙

― にしにしさんの他の作品を見せてください。

ファントムおじいちゃん無頼以外では、艦艇や艦艇擬人化を描いています。また馬が好きなので競走馬などの絵もあります。

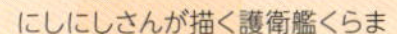

にしにしさんが描く護衛艦くらま

にしにしさんが描く馬

― これから楽しみたいと思っているジャンルはありますか？

そうですね、戦闘機だけでなく、艦艇などいろんな乗り物を見学したり、体験してみたいです。

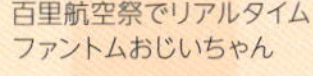

百里航空祭でリアルタイム
ファントムおじいちゃん

サインペンで迷いなく描かれていく
ファントムおじいちゃんと仲間たち

― 最後に、ファントムおじいちゃんのファンにメッセージをお願いします。

ファントムおじいちゃん無頼を応援して頂き、本当にありがとうございます。苦しい時も辛い時も皆様の応援が心の支えになりました。本当に感謝しております。

もうすぐファントムⅡは退役しますが、ファントムおじいちゃんは退役しても隠居中のおじいちゃんとして出るかもしれません。楽しみにして頂けたらと思います。

「厚木PX さんきち：@atsugi_sankichi」オリジナルのファントムおじいちゃんネームパッチ

パイロットにとってファントムⅡってどんな航空機なのでしょう

航空機は、空気というカタチのないものの中を移動するので、**他の乗り物と比べて不安定**です。このため、安定して飛べるように、さまざまな工夫がされています。安定性が高いことは真っ直ぐ飛ぶためにとても大切ですが、戦闘機が俊敏な機動するときはむしろ足かせになります。ファントムⅡには**必要最小限の安定性を確保**し、**応答性をよくする設計**がされています。

その設計について、飛行開発実験団でF-15・F-2など多彩な航空機の操縦経験のある**2人のファントムⅡのパイロット**に聞いてみました。

ABOUT FLIGHT OF PHANTOMⅡ

石坂3等空佐：ファントムⅡはアメリカの**戦闘機で初めて音速を超えた機体**だといえます。ファントムⅡよりも前にBell X-1でチャック・イエーガーが音速を超えていますし、高高度を超音速で飛ぶ要撃機もありました。しかし低高度から高高度まで高機動できる多用途戦闘機としてしたのはファントムⅡが最初なんです。

以下 敬称略

音速とは音が伝わる速度のこと。音速は空気の密度によって変わります。(海面上では1,225km/h、高度1万メートルでは1,078km/h) 飛行機の世界では、音速をマッハ1(Mach 1)とする速度単位がよく使われます。音速を超えると飛行機の周りを流れる空気の性質が大きく変わるので、超音速飛行は簡単ではありません

小祝3等空佐：ファントムⅡは「当時の最先端の技術を盛り込んで作った機体」であり、それをよく表しているのが「**航空機の飛行特性は望ましい応答性とパイロットが許容できるワークロードを保つのに必要な安定性の妥協によって決まる**」という言葉です。当時は応答性と安定性が相反するもので、最大性能を引き出すためにパイロットには、機敏に機動するために安定性を妥協した（減らした）機体をコントロールすることが求められます。

以下 敬称略

ファントムⅡの操縦系にはSAS（安定増加装置）が付与され、縦の安定性を確保しています。それでもパイロットが対処しなければならないことは多く、F-2のように空力的には不安定でありながらコンピュータ制御で自動的に安定性を確保するシステムとは大きく異なるものです

ファントムⅡの スタビレータ

機尾に斜めに突き出したスタビレータはファントムⅡの鋭い魅力を引き立てるポイント。そのカタチの理由とは？

小祝：スタビレータ（水平尾翼）が水平だと、迎え角が大きくなるとスタビレータが主翼後流の影響を受け急激に効きが増すと文献にありました。**段階的に後流の影響を受けるように下反角を付けて設計**されたそうです。急激なピッチアップが起きると更に危険な領域に入るので、徐々に影響を受けてパイロットが感知し、止められるように下反角が付けられているともいえます。

迎え角を大きく上げたファントムⅡの主翼上から、周りとの気圧差によって主翼上面で発生した雲を引いています。スタビレータも胴体付近は雲に包まれて白く霞んでいますが、先端部分は雲から突出してはっきりと見えているのが分かります

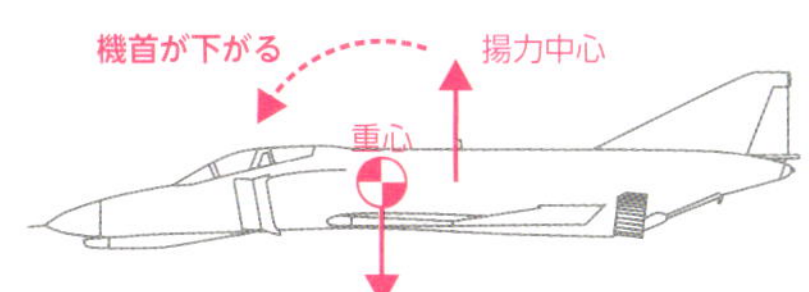

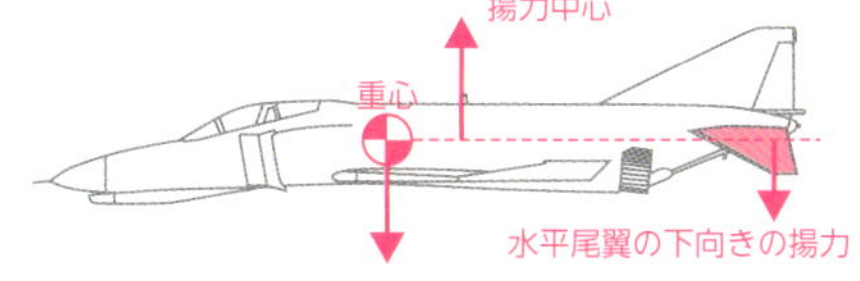

航空機は安定のために、揚力の中心を重心よりも後ろに置くことで、自然と機首が下を向くようバランスがとられています。そこで水平尾翼により機首を上げる方向、下向きの揚力を発生してバランスをとっています

石坂：前縁のスラットを付けることで、**低速域でのスタビレータの効きを確保**しています。水平尾翼では下向きの揚力を発生させることで安定させているため、一般に主翼に取り付けられるスラットとは逆向きになっています。

偵察型のRF-4Eにはスラットがありません。スラットがないとスタビレータの効きが悪く、低速域でより速い速度域で失速に陥るので、スラットの効果を体感できるそうです。

F-4EJ（改）の水平尾翼前縁に設けられたスラットは、下向きの揚力を強くするための装置です。水平尾翼が低い速度でも良く効くようになるため、より低い速度で機体をコントロールできます

画像提供[1]-：自家用防衛隊@oQq4Tjw919HY1tb,百里基地,20180928

ファントムⅡの
主翼

ABOUT FLIGHT OF PHANTOMⅡ

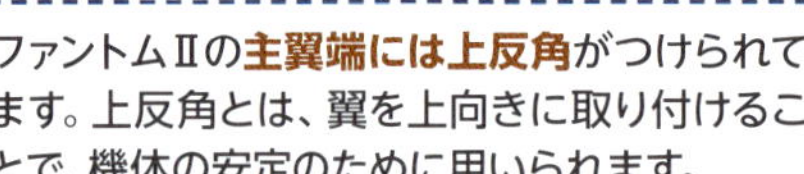

ファントムⅡの**主翼端には上反角**がつけられてます。上反角とは、翼を上向きに取り付けることで、機体の安定のために用いられます。

石坂：コンピュータも発達していない中で開発され、実際に風洞や飛行試験を行ってみた結果として、失速の原因となる翼端渦を減少するために上反角が付けられたのだろうと考えています。上反角がないファントムⅡを操縦したことはないので想像ですが、たぶん、そんな感じだと思いますよ。

また、ファントムⅡが低翼だということも関係があると思います。**低翼機には上反角**が、肩翼機には下反角が付けられていることが多く、F-15では下反角の代わりに捻り下げが付けられています。

小祝：ロール安定を増すために、水平な主翼の途中から**12°の上反角**が付けられていて、主翼全体で7°相当の上反角となるように設計されています。

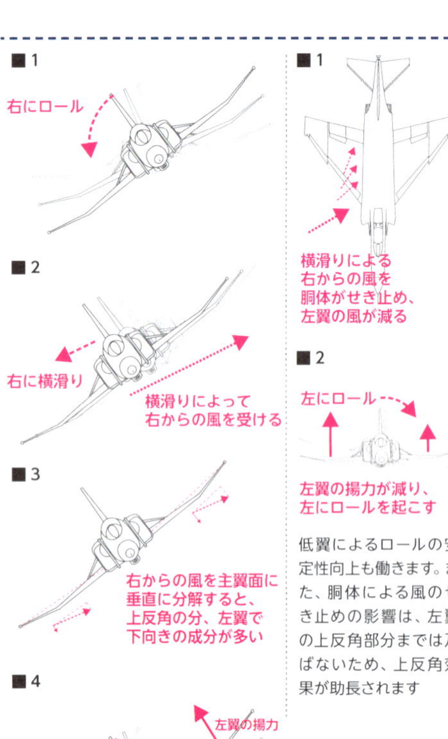

低翼によるロールの安定性向上も働きます。また、胴体による風のせき止めの影響は、左翼の上反角部分までは及ばないため、上反角効果が助長されます

上反角効果は、上向きに取り付けられた主翼によって、ロールに対する安定性を向上させる働きです

主翼端から渦状の雲が発生している様子。気圧の低い主翼上面に向かって主翼下面から空気が回り込むことで渦が発生します。この渦は空気抵抗を増すだけでなく、主翼の揚力発生を阻害します

主翼の折りたたみ機構の部分。折りたたむ作業は3人が下から押し上げ、1人が上から引っ張るという、力尽くの作業です

胴体の下面に取り付けられる主翼のことを「低翼」と呼びます。F-15は肩翼、F-2は中翼です

［撮影：中村俊彦／百里基地外部から撮影］

折りたたみ部に見える主翼前縁の折れ曲がりはドッグツース。主翼上の空気が翼端に向かって斜めに流れると揚力の発生が阻害されるため、強い渦を作り斜めの流れを防ぐために設けられています

画像提供[1]-：自家用防衛隊@oQq4Tjw919HY1tb,百里基地,20180928／[2]構造。：加藤文昭@bebopdesu,百里基地,20181202

ファントムⅡの
ドロップタンク

増槽とも呼ばれる機体下面に取り付けられる燃料タンク。ウイングタンク形態こそファントムⅡらしいと思う人も多いのでは？

小祝：ウイングタンク（左右の主翼に１本ずつ増槽を取り付けた）**形態がファントムⅡらしく**て好きです。重心位置の関係で他の形態と比較して安定性が低く、操縦するのが一番難しいのです。格闘戦の訓練時は、タンクを装着していると制限が多いのでタンクがないほうがいいなと、思います。

石坂：一番動くクリーン（増槽を取り付けていない）状態が一番好きです。ものすごく加速がいいので気持ちいいんです。ただ、燃料がないのですぐ終わっちゃうので、**バランスを考えるとセンターラインタンク**（胴体下部中心に１本、増槽を付けた状態）がいいですね。実戦でミサイルのみを搭載した状態と、訓練時にセンターラインタンクを付けた状態の総重量が同じくらいなのです。先輩からは「万一、実戦となったらリスクを下げるためにタンクを捨てるので、センターラインタンクを付けた状態が実戦の状況に一番近い」と言われたことがあります。実際のところはわかりませんが。

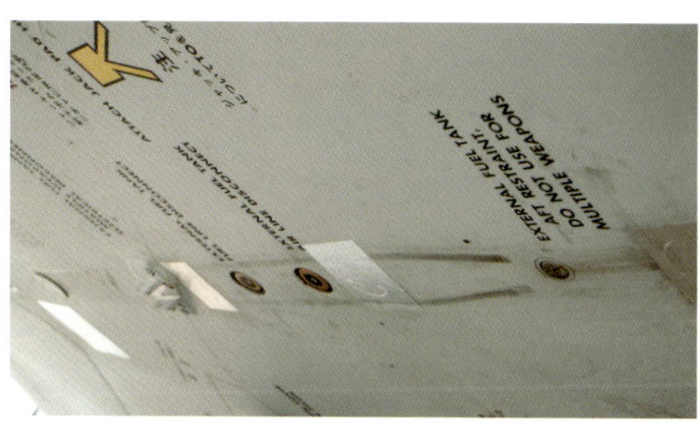

主翼下面のウイングタンク取り付け箇所。ドロップタンク・ミサイルなどを搭載するためのパイロン・ランチャーを取り付ける場所は、構造を強くしてあるとともに燃料の配管・ミサイルを制御するための配線端子が設けられています

運搬用のドリーに載せられたセンタータンク。黄色いスカーフの星が5つの新田原基地時代の第301飛行隊のマークのままでした

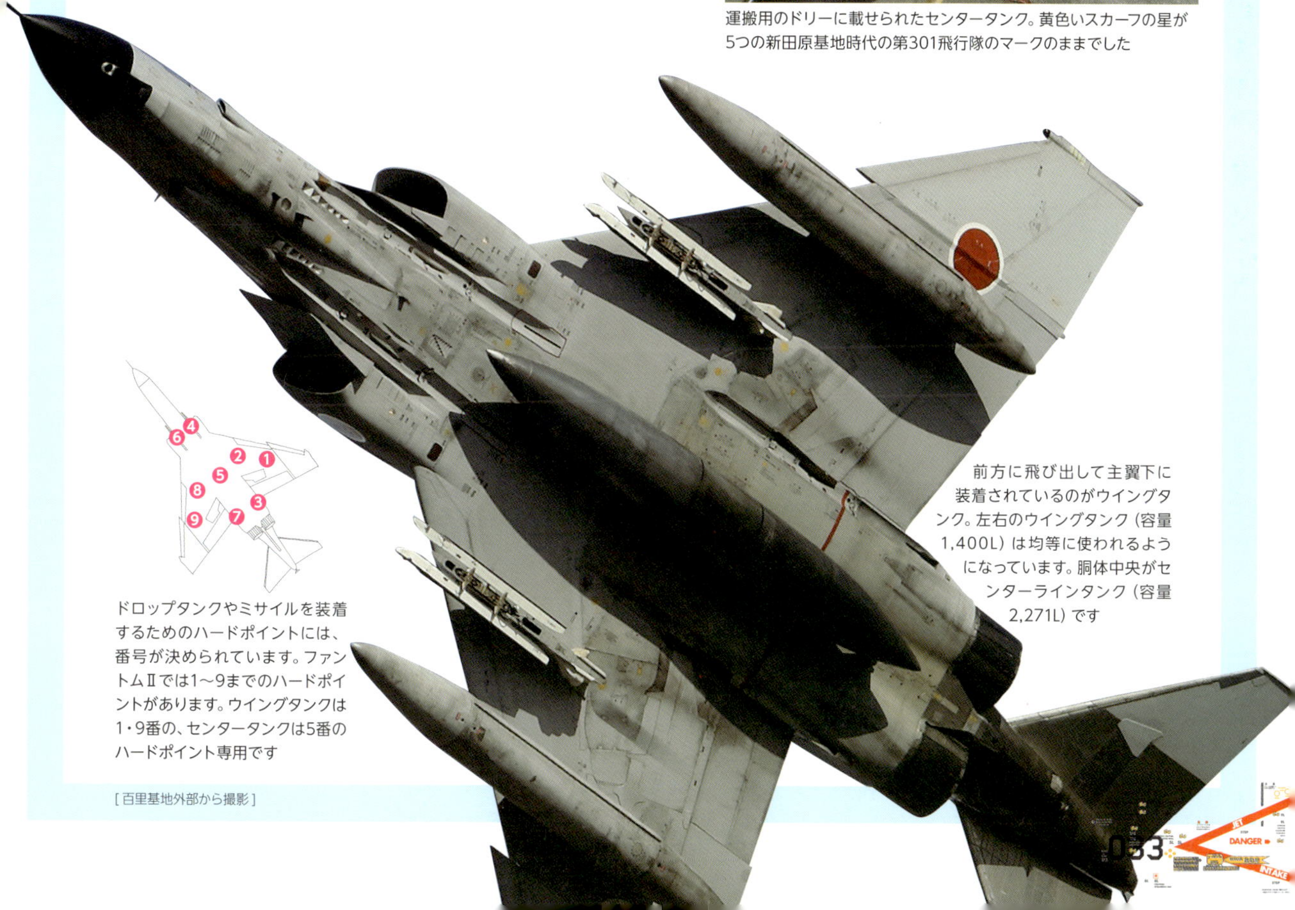

前方に飛び出して主翼下に装着されているのがウイングタンク。左右のウイングタンク（容量1,400L）は均等に使われるようになっています。胴体中央がセンターラインタンク（容量2,271L）です

ドロップタンクやミサイルを装着するためのハードポイントには、番号が決められています。ファントムⅡでは1～9までのハードポイントがあります。ウイングタンクは1・9番の、センタータンクは5番のハードポイント専用です

［百里基地外部から撮影］

ファントムⅡの着陸

「クセがある」といわれるファントムⅡの操縦。その一つに着陸（高迎え角）時に発生しやすい**アドバースヨー**（Adverse Yaw）があります。

石坂：ファントムⅡの飛行特性でアドバースヨーとよくいわれる現象があります。低速で高迎え角の時に、**エルロンを使うと横滑りの発生による逆向きの横滑りと逆向きのロールが発生**しやすいのです。これは、ファントムⅡが低翼であることも一因です。

例えば、右にロールしようとエルロンを作動させてノーズが左に振られると、右斜め前からの空気の流れが発生し、右主翼の揚力が増加します。同時に、左主翼は剥離による揚力の減少し、空気の流れが胴体にせき止められることで左主翼の揚力が減少し、入力とは逆に左に急激にロールしてしまうことになります。

このような入力とは**逆の方向にヨーとロールが危険な領域で発生してしまう**ため「低速・高迎え角になる着陸の時にエルロンを使うと危ない」といわれることになります。ただ、是正するシステムも組み込まれているので、実際に危ない状況には、なりにくいようにできています。

迎え角
進行方向

小祝：操縦桿を横に倒すことでエルロンを作動させ、揚力差で機体を横転させるわけですが、迎え角が高い状態ではエルロンの抗力が大きくなり機体が横滑りを起こします。横滑りが起こると、上反角効果によって機体には操縦桿を倒した方向とは逆にロールする力が働きます。これにより、**操縦桿をいくら倒してもロールできない**という現象が起きます。さらに迎え角が高くなると、操縦桿を倒した方向とは逆にロールする領域に入ることもあります。

F-4は上反角効果が強い機体です。通常の着陸では、フラップを下げるとARI（Aileron-Rudder Interconnects）という機構が働き、操縦桿を横に倒すとエルロンの抗力による横滑りを抑制するため自動でラダーが入るようになります。しかしノーフラップ着陸という緊急手順の訓練時にはARIが働かないため、アドバースヨーによるロール性能の低下を体験したことがあります。

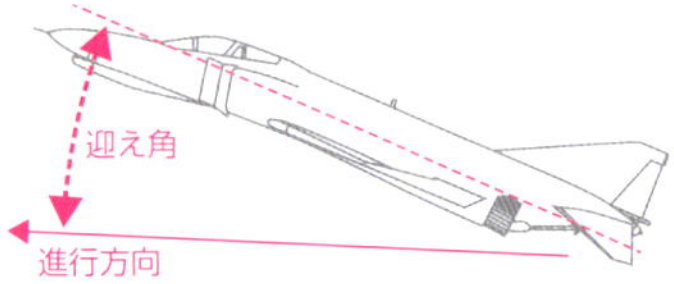

［撮影：中村俊彦／百里基地外部から撮影］

小祝：アドバースヨーは設計次第でどの航空機にも起きえますが、時代が進むことで機械的な対応やコンピュータによる補正ができる領域が拡大しています。ほぼ全領域で補償しているのがF-15であり F-2だといえます。

石坂：学生の時に機種転換で初めてファントムⅡに乗った時には「思ったように動いてくれない」と感じました。教官から「ラダーをつかえ」と言われましたが、それまで乗っていたT-4などではラダーを使う必要がなかったので、ラダーを意識して使ったことがなかったのです。それが、**F-4ではラダーを使わないと着陸できないという**ので、衝撃的でしたね。

部隊に赴任して訓練を重ね前席で操縦するOR (Operation Ready) の資格を取ってから2～3年経ってやっと「ちょっと使えるようになった」というくらいだと思います。

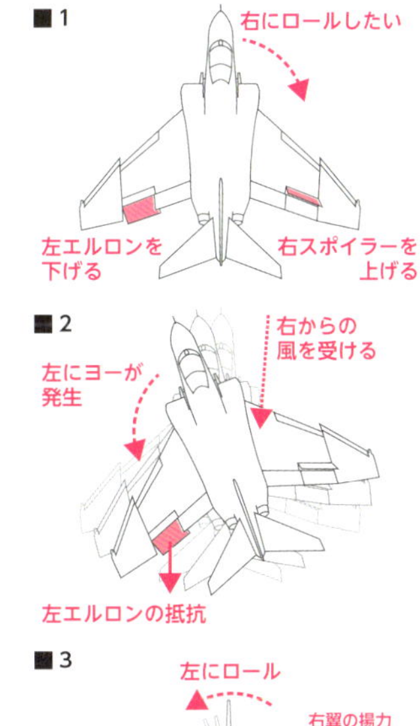

アドバースヨーとは、望んだロール（機体を傾ける）とは逆方向にヨー（機首の左右の振れ）が発生してしまう現象です
右にロール（右に機体を傾ける）したい時、左のエルロンを下げて左主翼の揚力を増やすのですが、同時に抵抗も増えます。この抵抗により、左にヨーが発生して（機首が左を向いて）しまいます
左へのヨーによって右斜め前から風を受けるようになると、上反角効果によって左にロールする力が発生してしまいます
他の航空機では、右にロールする時に、右のエルロンを上げるのですが、ファントムⅡではスポイラーを上げます。これは、スポイラーの抵抗によって、アドバースヨーを低減するためだともいえます

わずかに右にラダーが入った状態で、後縁フラップを最大の下げ角として、機首を上げて主脚から着地するファントムⅡ。フラップには、エンジンから抽出した空気を吹き出すBLC (Boundary Layer Control) システムが用いられ、より低速での着陸を可能にしています

ファントムⅡの ターン

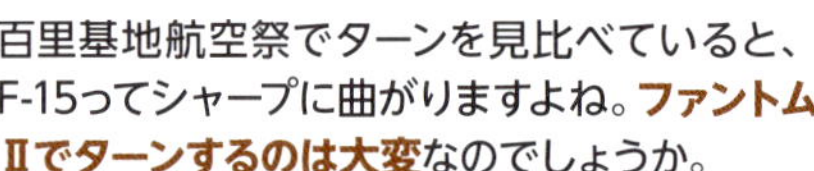

百里基地航空祭でターンを見比べていると、F-15ってシャープに曲がりますよね。**ファントムⅡでターンするのは大変**なのでしょうか。

小祝：やはりF-15と比較すると**F-4はロールとピッチコントロールの性能や安定性が劣る**ので大変です。それでもF-4の最大性能を発揮しようとパイロットが頑張って操縦しています。機体の動きから、それをお伝えしたいですね。

石坂：航空祭では、ファントムⅡのターンを「ゆっくり回っているな。味わって曲がっているな」と思いながら見て頂いていると思うのですが、操縦している側としては**失速ギリギリで**、「動いてくれ！」と思いながら操縦しているんです。

岐阜基地の航空祭でF-2による展示飛行を行ったことがあるのですが、推力が多すぎてコントロールするのが大変です。F-4とF-2では、逆の大変さがあります。

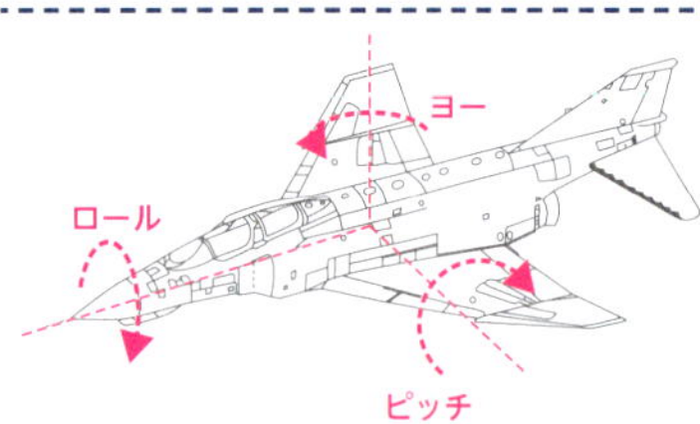

航空機の運動はロール（横揺れ）、ピッチ（縦揺れ）、ヨー（偏揺れ）で表されます

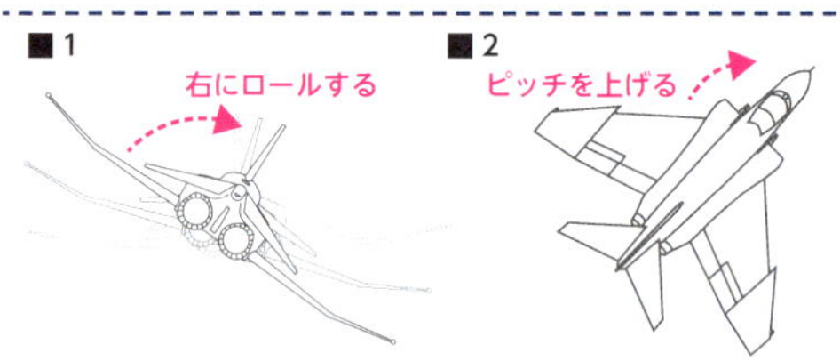

航空機が右に曲がるためには、「まず右に機体を傾け、それから機首を上げる」という2つの動作が必要になります。この時、空気の抵抗が増えて速度が落ちるため、エンジンのパワーを上げる必要があります。つまり、鋭く曲がるためには、ロールとピッチの反応が良く、十分なパワーのあるエンジンが必要だということです

ファントムⅡとF-15は、どちらも右にロールしようとしています。F-15では翼端近くに配置されたエルロンが「左下がり・右上り」になっています。対してファントムⅡでは、主翼中央に配置された左エルロンが下がり、右エルロンはわずかに上がるとともにその前にあるスポイラーが起きています。これは、主翼端に近い位置にエルロンを配置することができなかったことも要因の一つとなっています

［百里基地外部から撮影］

ファントムⅡの エンジン

ジェネラルエレクトリックが開発しIHIがライセンス生産するJ79-GE(IHI)-17。航空自衛隊**最後のターボジェットエンジン**になるでしょう。

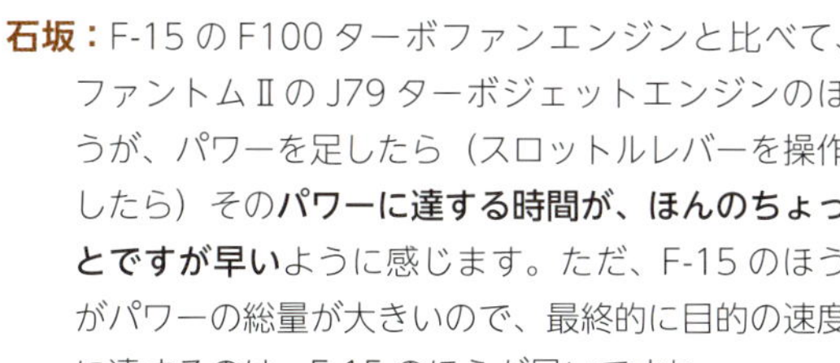

石坂：F-15のF100ターボファンエンジンと比べて、ファントムⅡのJ79ターボジェットエンジンのほうが、パワーを足したら（スロットルレバーを操作したら）その**パワーに達する時間が、ほんのちょっとですが早い**ように感じます。ただ、F-15のほうがパワーの総量が大きいので、最終的に目的の速度に達するのは、F-15のほうが早いですね。

J79はいいエンジンだと思いますが、F-15やF-2のエンジンの方が圧倒的に性能が良いので、ターボジェットエンジンはなくなるでしょう。

小祝：F-4では**片方のエンジンが止まった状態の訓練**は行います。両方のエンジン停止時の対応は、マニュアルに対処方法が記されているのですが、広大な飛行場の上空での場合を想定しているようですから、訓練を行ったことはありません。F-2は1つのエンジンしかないので、エンジンが停止した場合の訓練を行っています。

ファントムⅡは、J79-GE(IHI)-17アフターバーナー付きターボジェットエンジンを2機、機体後部に搭載しています。エンジン1つでの最高出力は約53kNです（アフターバーナー時最大約80kN）。ターボジェットエンジンは、吸入した空気をエンジン内部で全て燃焼させるため、超音速飛行に向いたエンジン形式です。しかし、戦闘機でも超音速での運用は限られていることや、実用燃費が悪いこと、排気ガス内の酸素が少ないためアフターバーナーの応答性も劣ることから、ターボファンエンジンが採用されるようになっています。F-15・F-2・F-35はターボファンエンジンで、ファントムⅡが退役するとターボジェットエンジンを採用している自衛隊機はなくなります

エンジンを後部から覗き込んだところ。奥に見える環はフレイムホルダーという、アフターバーナー使用時に送られた燃料を効率的に燃焼させるための渦を作るもの。アフターバーナー使用時にはノズルから炎が吹き出ているように見えます

洋上低空を飛ぶ任務を与えられるF-2には双発（エンジン2機）が検討されていましたが、エンジンの信頼性向上もあり単発の機体となっています

［百里基地外部から撮影］

ファントムⅡは 2人乗り

前席が機体の操縦を行い、後席がレーダーにより周辺状況の把握を行う**作業分担が基本**のファントムⅡ。後席で学ぶこととは。

石坂：前席の資格を得る前に1年くらい後席で「見取り稽古」のように訓練をします。F-4の後席で学ぶべきことは多いですね。F-15やF-2など第4世代といわれる飛行機と比べるとF-4はものすごくアナログな飛行機なので「手動」で行う操作が多く、操縦を行わない分、レーダーなどのシステムをしっかりと勉強する必要があります。また、後席から**前席のパイロットがどういう情報を得てどのような判断を下すのか勉強**した上で前席に乗ることになるので、前席に移ってからは操縦感覚を磨くことに集中できたと感じています。

F-15やF-2の部隊に配属された人は最初から前席で訓練を始めることになるので、F-4は1年の差が生まれてしまいます。実際にF-15やF-1に乗った同期は自分よりも1年先にOR資格を取得し、1年先に編隊長になっていましたから「いいな」と思っていました。けれど、追いついた時には判断能力などで変わることはなくなります。F-4は、後々になって「じっくりと勉強させてもらったな」と感じさせてくれる、**あったかい飛行機**です。

後席でも操縦はできます。ただ、前席とは操舵の感覚が異なり、特に後席のラダーの操作は重いため、前席の感覚で操縦することは難しいのです。このため、実任務において後席で操縦桿を触ることはありません。後席での操縦を行うのは、教官の資格を取得するための訓練と、教官として後席に乗る時くらいですね。

小祝：F-15やF-2とは違って、戦闘機としての最大性能を引き出すためには、2人の力を合わせる必要があります。先輩や後輩とともにF-4に乗った経験が私を育てたと感じています。

いろいろなパイロットの後席に乗ることで学び取れることがあるように思います。さまざまな上手さを実際に体感できるし、飛行後にどういったことに意識を配分しているのか聞くことができる。外から見るのではなく、**同じ機体に乗って体感**し、見ることができることは2人乗りのファントムⅡの利点だと思います。また、2人で判断を行うので、状況の理解力が鍛えられると感じています。（個人の感想です。）

TR（TRaining）過程で操縦が必要となる計器飛行の訓練や地形を見ながら経路通りに飛行する訓練などは、T-4で行います
［百里基地外部から撮影］

航空自衛隊ではどちらの席もパイロットが乗るので、前後席のどちらに乗るかは、訓練機会の回数などによって決められます

ファントムⅡの
50年の月日を感じる

301・302号機が日本に到着してから第301飛行隊の**F-35Aへの転換予定まで50年**。その時間はどのように積み重ねられたのでしょう。

石坂：ヨーストリンガー（機首に付けられた紐）が斜めに流れていたとしたら、ボールセンター（飛行機の横滑りしている量を表示する計器）が中央を示していても機体がまっすぐ飛んでいないことを示します。一番、重心位置に近い後席のボールセンターを後席パイロットに確認してもらいながら、ヨーストリンガーの流れ具合と比べて機種の向きを調整します。

これはファントムⅡの**背骨にあたる部分が、長い飛行時間の中で歪んでいることが原因**なのかもしれません。

石坂：エアコンから水分を取り除くシステムが付いているはずなのだけれど、機能しているようすはないですね。夏場は冷気とともに水蒸気が出てくることがあります。その蒸気が配管の中で凍ってしまい、その氷が飛び出てくることがあるんです。

また、その氷が切り替えベーンで固まってしまうと温度の調節が効かなくなるので、地上では**エアコンから冷気が出るように設定することが制限**されています。暑い雨の日では、地上を離れるまでに汗だくになってしまいます。

誘導路をタクシーしてくるファントムⅡ。春の穏やかな夕暮れの中、パイロットも心地よかったかもしれません

小祝：飛行隊には、過去にファントムⅡを飛ばしていた**先人達が血と汗と涙で作り上げた戦技の研究資料**が多く残っているので、歴史を感じることはあります。そうした資料を見ながら、さらなる精強さをいかにして求めるか、常に考えています。

40年以上前に作られた飛行機を普通に飛ばすことができてているというのは、凄いことだと思いますし、それを実現している**整備員の人達には感謝**しています。

50年近い歴史が培った整備のノウハウをもって、ファントムⅡの日々の安全な飛行を守る整備員たち

ノーズの上、黒いレドームとコクピットの風防の間に見える紐がヨーストリンガー。機体表面を流れる風の様子を直接知ることができる、原始的ながら大切なセンサーです

イメージを培いながら難しいファントムⅡを操る

テストパイロットとしてF-2、F-15も操縦経験のある**石坂3等空佐**はファントムⅡを操縦するイメージを教えてくれました。

ファントムⅡの操縦は難しいですか?

F-4は戦闘機なので、空力中心（揚力が一番集まっているところ）が重心に近いので、ふわふわしています。飛行機の速度が変わると主翼での揚力発生の仕方が変わり空力中心が変動するので、空力中心と重心が近いF-4では速度が変わることに伴って操縦桿の重さが大きく変化します。

飛行機は通常、速度が上がると操縦桿が重くなるとともにスタビレータの効きが良くなり鋭く動くことができるなど、操縦桿に対して敏感に反応するようになることで感覚的に捉えられる変化があります。しかしF-4は超音速に近い速度で飛ぶときに、操縦桿が急に重くなったり、軽くなったりします。このせいでオーバーG（加重制限を超えてしまうこと）を起こしそうになります。これらのことから、F-4は「難しい飛行機」だと言われています。

ファントムⅡの好きなところはどこですか?

試行錯誤して作ったような人間味のある、航空機であることと、超音速のためといわれるモンロー型と言われるフォルムですね。

好きな機体はありますか?

飛行開発実験団に移るまでの8年間は第301飛行隊でF-4だけに乗っていましたので、機番ごとの特性を把握していました。そのなかで「私の感覚に合う」と感じられた408番機は好きでしたね。自分の感覚の操作にピタッとあってくる感じです。人によって違う機番はあるかと思います。とはいえ「感覚が合いやすいと感じる」くらいのわずかな差です。

F-4EJとF-4EJ（改）ではどちらが飛ばしやすいですか?

私がF-4に乗るようになる頃には、実任務に就いている部隊にEJはありませんでしたから、岐阜（飛行開発実験団がおかれている基地）に行った時にEJに乗りました。システムが1世代古いので驚きましたが、操縦自体は変わりませんでした。しかし、HUD（計器に視線を落とさずに飛んでいる速度・方向・G・基地からの方位や距離などの飛行諸元を見ることができる装置）がEJにはありませんので、EJ（改）の方が飛ばしやすいとは思います。

外部点検する時は、素手ですか？

私は先輩から「外部点検する時は、機体が冷たいか・熱いかなど、機体の状態を感じられるから、素手でやるものだ」と聞かされています。また、雨の日は手袋をぬらしたくないので、素手で外部点検するようにしています。

乗るまでにかならずすることはありますか？

スポーツ選手のルーティンのようなことはやったことはありませんが。シートの背もたれの角度が垂直に近く、カラダが固まってしまうので、ストレッチはしますね。同じようにストレッチしているパイロットは多いですよ。

搭乗時に気に掛けていることはありますか？

チェックしなければいけないシステムがたくさんあるので「いつもと違いがないか」を確認することが大切です。また、整備員のほう（調子とか）が気になることもあります。

ラストチャンスの時はどのようなことを気に掛けていますか？

進出する経路上の雲の有無・高度や、先行する機体があれば視程を確認しています。例えば地上から10km先まで見えれば、上空でも10kmは見えるはずですから。後席と視程の話をしたりしています。

F-15などと比べて視界の狭さを感じることはありますか？

視界の狭さを感じることはありますが、バンクをとれば（機体を傾ければ）見たいところを見られるので苦労を感じたことはありません。ただ、F-2やF-15に乗った時に「こんな楽なのか！」と思ったことはありますよ。F-4のパイロットは何気なくバンクをとって視界を確保していたけれど、バンクをとる必要もないのかと。それにF-2やF-15でバンクをとるのは、ちょっと操縦桿を倒すだけなので、楽ですし。

キャノピーが外れてしまったらどうなりますか？

10年以上前に、ファントムの後席キャノピーが飛んでしまったことはありますね。巻き込む風の音で前席に状況を伝えられなかったけれど、普通に着陸できたと聞いています。たぶん、大丈夫です。寒いだけです。普段、富士山頂くらいを飛んでいるので外気温は低いのです。筑波山頂くらいの高度まで降りてくると、（真冬以外は）耐えられる気温になるでしょう。

次に乗りたい飛行機はありますか？

制約がなければ、F-35に乗ってみたいですね。でも、英語が極端に苦手なので、英語を憶えなければいけないくらいなら乗れなくてもいいかなと。F-2の試験に携わりたいですね。

「ファントム無頼」は読まれましたか？

ファントム無頼は自衛隊に入って基地の近くの喫茶店に置いてあったので読みました。カンクリのように「オレはマッハいくつまでいけるのか！」に挑戦してみたいという憧れはあります。自分の子どもにも読ませています。（理解できていないかもしれませんが）

ファントムⅡファンへのメッセージを！

最後まで温かい目で見守ってやってください。事故を起こさないように、我々も気を付けて飛ばすようにしますので。

TACネームは「happy」です。

名字からの連想です。
小文字というのがポイントです。

ファントムライダーとして精強であるために

「操縦は人格なり」と教えられたという**小祝3等空佐**は、ファントムの空力を航空工学に則って教えてくれました。

あえてファントムⅡ以外で飛ばしていて楽しかったのは？

「楽しい」にもいろいろな観点があると思うのですが、性能という観点からするとF-2が楽しかったですね。操縦に対する応答という観点ではF-15です。

F-2は全てコンピュータが操縦舵面を操作しているので、コンピュータ任せなので、F-15の操作に直結した感覚とは違います。私はF-4でパイロットとして育成されたので、F-4から進化してさらに操縦しやすくなったのがF-15だと感じています。

F-4はF-15よりもさらにダイレクト感があるということでしょうか？

F-4は、各種制限（迎え角・G）などを操縦者が体感や計器で飛行諸元を確認しながら調整しなければいけません。この観点からいうとF-4が一番ダイレクトかもしれませんね。

それでもF-4が一番好き？

F-4で育ったということもありますが。F-15・F-2とは違って、F-4は航空機としての最大性能を引き出すためには、2人の力を合わせる必要があります。先輩や後輩とともにF-4に乗った経験が私を育てたと感じています。

百里基地からの離陸後、太平洋上に向かうための旋回を、鋭角な場合と穏やかに旋回していく場合があると思うのですが？

これはまさに「操縦は人格なり」で（笑）。離陸後に獲得した速度エネルギーを使って鋭角に旋回したいパイロットもいれば、穏やかに曲がることで高度エネルギーに変換したいパイロットもいるということだと思います。

F-15、F-2に比べて後方視界はどうですか？

F-15、F-2はよく見えますね。F-4であってもミラーを使うなどすることで、また2機で運用されるのでお互いがカバーしあうことで見えない領域を、作らないようにしています。

後席から前の視界も悪そうですが？

着陸となると機首を上げますから、どの航空機でも後席からの視界は良くないですが、なかでもF-4は見えづらいですね。訓練では後席の操縦による着陸も行いますが、まるで曲芸のようです。

皆さんはなんて呼んでいるのですか？

その時によりますね。正式名称はF-4EJ（改）ですので、公式な場ではそのように呼んでいますが。パイロット同士の時は、F-4とかファントムとか場の雰囲気で呼んでいます。ファントムⅡとは、あまり呼んだ記憶がありませんね。

ファントムⅡは頑丈すぎると聞いたことがあるのですが？

当時の技術で必要なマージンが頑丈であることにつながっているのかもしれません。

求められた旋回半径を体感だけで実行することはできるのでしょうか？

F-4は比較的やりやすいです。速度やGを感じやすいからですね。操縦桿から機体の状況を感じることができます。F-4では速度域によって操縦桿をどの程度引いたら迎え角がどの程度増えるかが、大きく変わるので、操縦桿は慎重に操作するようにしています。

ファントムⅡを初めて知ったのは？

航空学生の時に強く影響を受けた教官がF-4のパイロットでした。航空祭で「これがF-4という戦闘機か」と思いながら眺めたのが、F-4という機体をハッキリと認識した初めてだと思います。当時、パイロットになれるとは思っていなかったので、航空機への意識が薄かったのかもしれません。

カラダがツライというのはありますか？

パイロットになって15年位です。F-2、F-15はツライのですが、F-4はカラダにいい……（笑）

もし、ファントムⅡの次に、好きな機体に乗れるとしたら？

また飛行開発実験団に戻って開発業務に携わりたいですね。非常に責任重大ですし、非常にやりがいがあります。

機体との相性というのはありますか？

航空機は機種ごとに特性が違うものです。その特性に合わせて飛ばすことができるように訓練していますので、第301飛行隊のファントムⅡの中で相性の良し悪しはありません。

ファントムⅡファンへのメッセージを。

残念ながらF-4が終わる日は来ます。その日まで安全かつ精強に運用していきますので、ご支援ください。

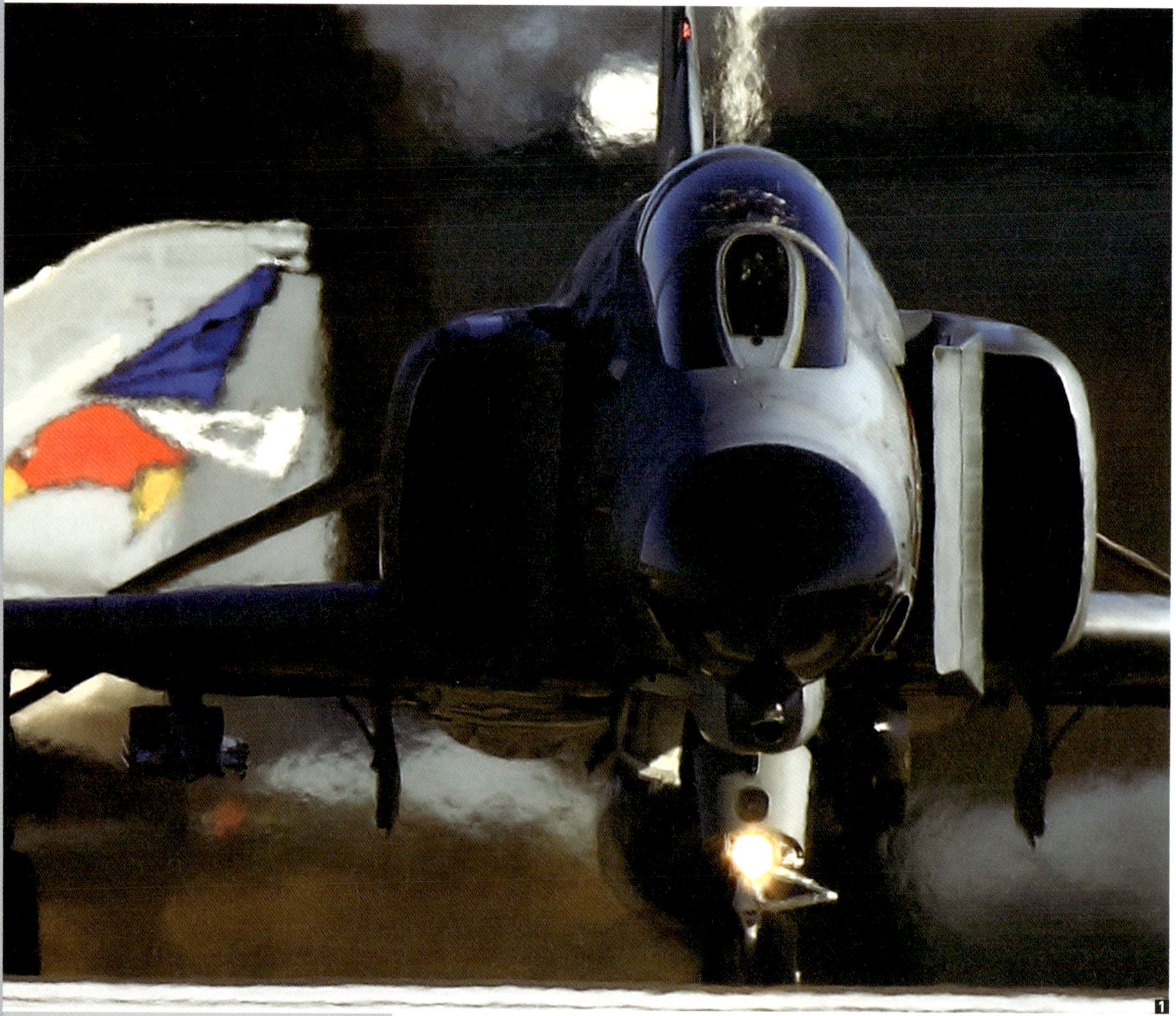

[1]光と影と尾白鷲：tango 33@tango339,百里基地,20190204／[2]初めての百里遠征：けんけん@kenchan187,百里基地,20190226／[3]朝焼けの中で：あけみさん@akemi127,百里基地,20190115／[4]オレンジ色の光線を浴びて：Machiya@MachiyaX,百里基地北門,20170117／[5]無題：岐阜のおやぢ@daddy_of_gifu,岐阜基地,20160517／[6]無類：TEKIDAN@exit1975百里基地,20180406／[7]百里基地での各種ファントム：ケンケン@e25serai,百里基地,20181030／[8]Eye Contact：松永 直也@insomnia708,新田原基地,20110302

投稿者に了承を得た上で、画像の加工・トリミングしています

9

10

11

12

13

14

15
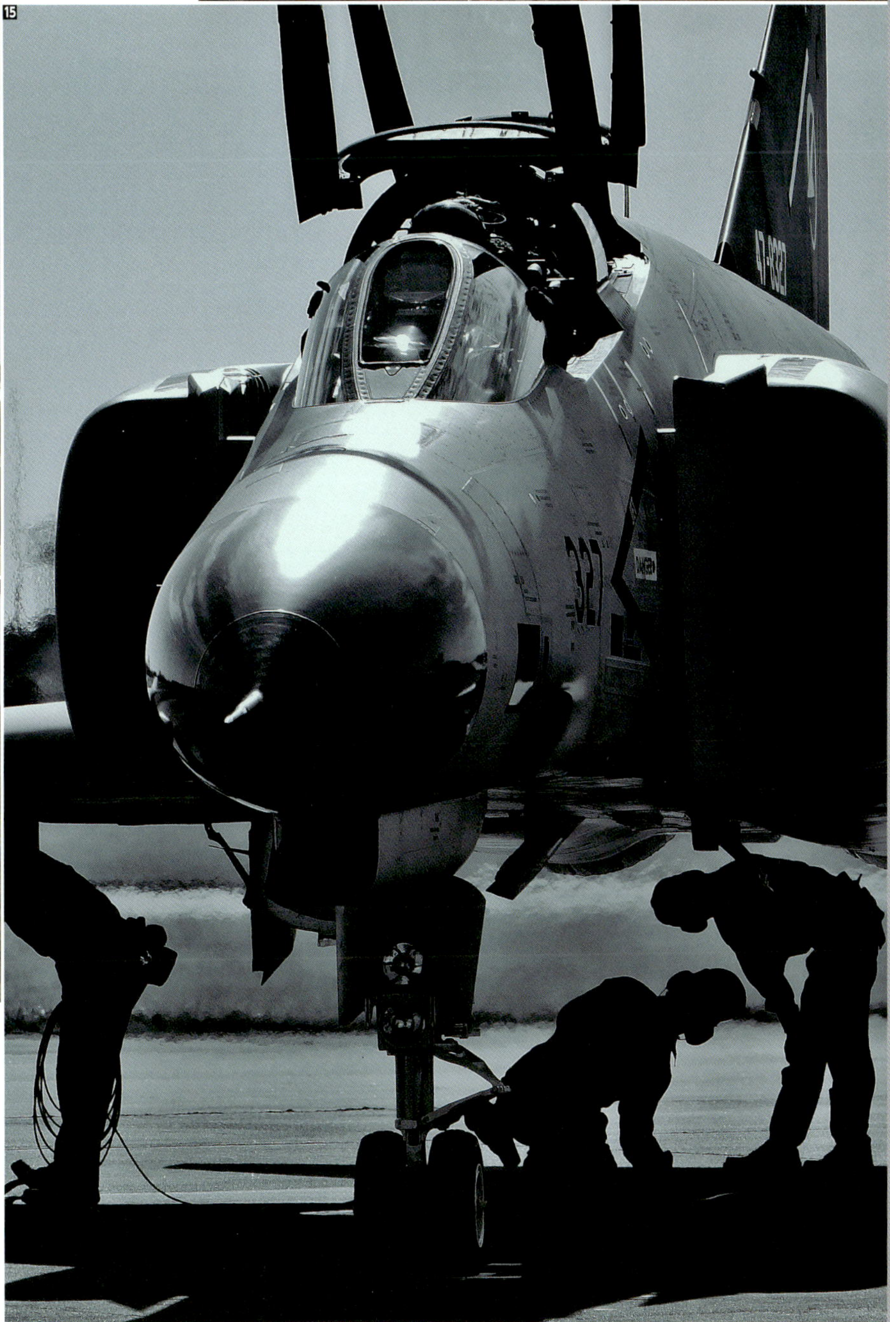

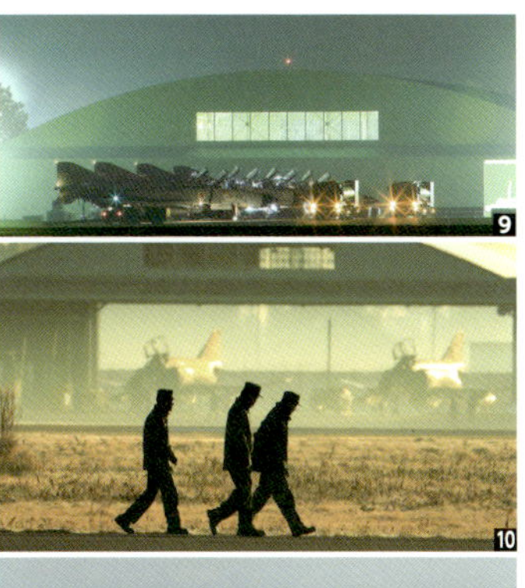

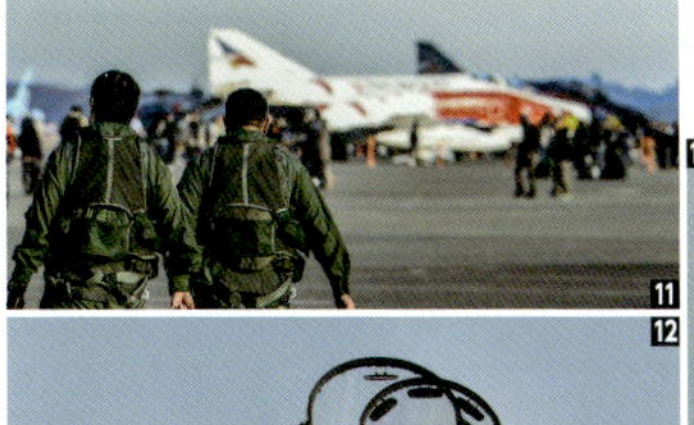

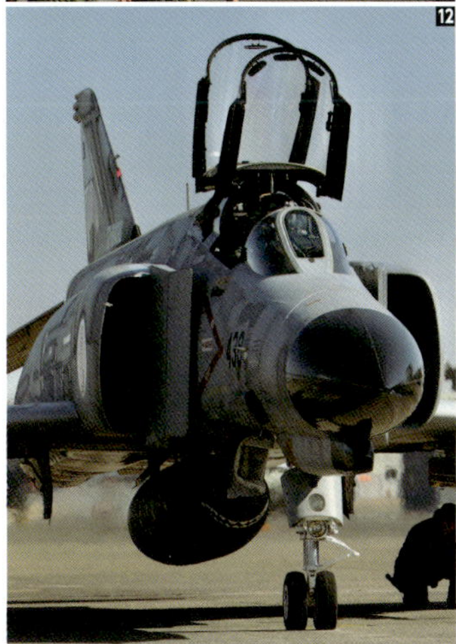

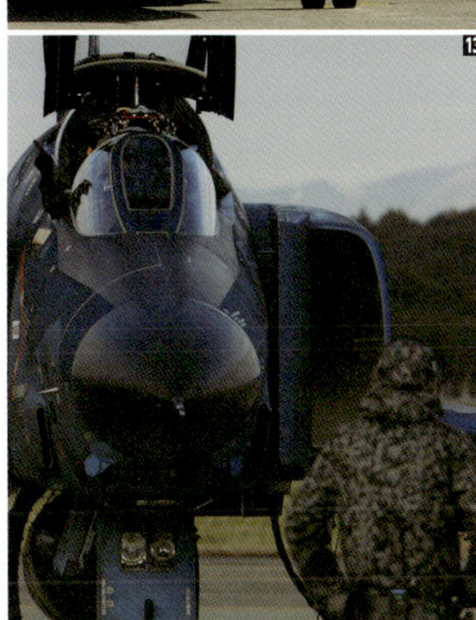

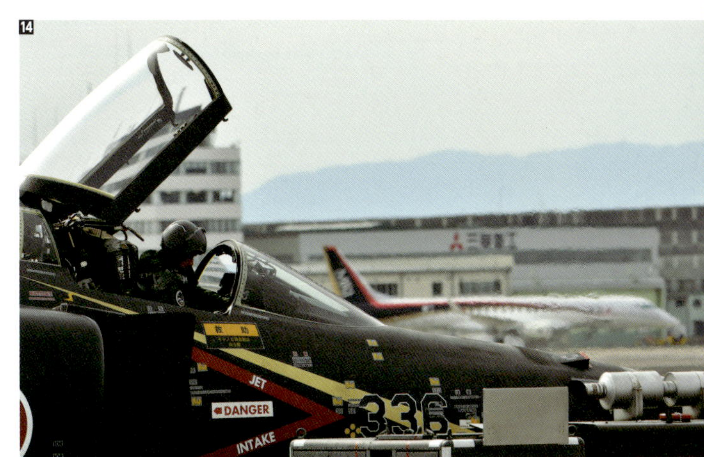

[9]Soldier's rest：マシャ雪@ファントムまみれ@snowliner11,百里基地,20171107／[10]あるファントムランドの朝。：コンブル@k12_konburu,百里基地,20190212／[11]ファントムライダー：うるのり@urunori305,百里基地,20181201／[12]準備万端：さと坊@sirase0302,百里基地,-／[13]機体を見つめ何を思う：ワシくん@ri9eagle,百里基地,20181202／[14]F-4とMRJ：まいん@mines2001,小牧基地,20160313／[15]離陸前のひととき：小山っち@tsubamekaigun11,岐阜基地,201610-

[1]蘇るファントム無頼：ponytail@Luna373,百里基地,201809-／[2]夕刻に輝く：もんじ@-,百里基地,20190319／[3]301離陸：norick@apex1220jp,百里基地,20190130／[4]進空：らぷたん@f22_aces2,新田原基地,20100721／[5]見守る人：篠原利和@Gifu119V3,岐阜基地,20180306／[6]夜を駆ける：Machiya@MachiyaX,百里基地20190221／[7]ー：弥太郎@Yataro_37_8320,百里基地,20181119／[8]雪原のテイクオフ：中村郁代@oyuki_n,百里基地,20180125／[9]雨の中で。：おらざく@1z0TYqMh7KM2JEf,空港公園,20190307／[10]ー：たくと@TAKUTO_hyakuri,百里基地2,0181202

投稿者に了承を得た上で、画像の加工・トリミングしています

12

13

14

[11]オジロナイトフォーメーション：GARUDA@GARUDAF15,茨城空港航空広場,20180828／[12]カエルのローカル訓練：しょーよー@kazekaeshi,百里基地,201811024／[13]StartRoll：えりんぎ@ちばらぎ@eringi_0806,百里基地,20190201／[14]カエルくん 低すぎでしょ：横山@bmqbn742,百里基地,20181119

1

2

3

4

5

6

7

8

[1]The Phantom of the Hyakuri：一太@*falcon_ita29*,百里基地,20181201／[2]蛙と月：井上 健@k_inoue1969,百里基地,20190117／[3]老兵未だ健在なり：より@vigilante0809,百里基地,20180220／[4]ー：ブロちゃん@boatbeat,百里基地,20181202／[5]平成最後の航空祭：ぬるぽん@nullponcooper,百里基地,20181202／[6]幻影：Akky@Gakky,百里基地,20181202／[7]Wrapped in white：TOSHIT@TOSHIT_M,百里基地,20181202／[8]亡霊：進撃のぶりぶりざえもん@suikade203,岐阜基地,20181118

投稿者に了承を得た上で、画像の加工・トリミングしています

11

9

12

10

13

[9]岐阜のスペマ：青パチ@aopatirx_8,岐阜基地,20171119／[10]出陣：奥野哲久@qxL81pA2S49b85N,百里基地,20180206／[11]カエルファントム機動飛行：嶋祐一@Y305tfs,百里基地,20181127／[12]岐阜基地航空祭2018：植田 雄祐@yskmm564,岐阜基地,20181118／[13]Rainbow Wings：マシャ雪@ファントムまみれ@snowliner11,新田原基地,20161005

1

2

3

4

5

6

[1]戦国自衛隊：ih168@ih1681,岐阜基地,20190122／[2]オジロよ空へ：mitsuki@mitsuki,百里基地,20181201／[3]百里基地航空祭2016：斎藤 一@todo3110,百里基地,20161127／[4]夕暮れの奇跡：鉄鳥斎@Eagles_EFR,百里基地,20181115／[5]パッカンまであと1秒：篠原健哲@Photo_K2maru,岐阜基地,20181118／[6]ー：M Crew@alpscrew,百里基地,20181201

投稿者に了承を得た上で、画像の加工・トリミングしています

7

8

11

12

9

10

13

[7]躍動：鉄鳥斎@Eagles_EFR,百里基地,20190111／[8]一：M Crew@alpscrew,百里基地,20181201／[9]亡霊：Yuta@0601Airbase,百里基地,20181119／[10]晴天の亡霊：ジョバンニT-8@thjyobanni,空の森運動公園,20190107／[11]ショートアプローチ：白 平@RF4sk,浜松基地,20181125／[12]初めての望遠レンズ：屋宜明智@yagi_aktm,百里基地,20141217／[13]オジロ飛来：KAZUHO@FgZUHO,小松空港,20160902

Shoot Phantom II with Love

1

4

5

6

7

8

2

3

9

10

[1]暗雲を切り裂いて：海老吉@ebikiti_shrimp,空の森運動公園,20190220／[2]Welcome back!：下ノ平 潤@mh81b_dm44b,百里基地,20190218／[3]フルストップ：WANI@wanikorid500,百里基地,20181202／[4]ホームベース：松永 直也@insomnia708,新田原基地,20110302／[5]金色キツツキ：たてぞー@tate_zou,三沢基地,20181102／[6]F-4EJ 夕焼けへのアプローチ：ノリマキ@norimaki_A340,空の森運動公園,20180318／[7]夕暮れのオジロ：浜崎聖也@kogimoni1002,小松基地,20161104[8]カエルのローカル訓練：しょーよー@kazekaeshi,百里基地,20190402／[9]ドラッグシュート咲く：ponytail@Luna373,百里基地,201807-09／[10]尾白鷲の帰還：中村 亘@uwofishe,百里基地,20181202

投稿者に了承を得た上で、画像の加工・トリミングしています

11

12

13

14

15

16

17

18

[11]憧れ：kkm@-,百里基地,20190314／[12]赤い花咲いた：鈴王@suzu_ohu,百里基地,20181211／[13]モクモクアールエフ：tora-tora@747menchikatsu,百里基地,20151130／[14]帰投。そして、別れ。：KENTA@ke17n17ta,百里基地,20170214／[15]移動訓練：ふにゃふにゃ@hunyahunya_502,三沢基地,20191022／[16]一：石川正光@90MBT,百里基地,20190311／[17]Complete Mission：シグナス@cygnus855,百里基地,20181202／[18]501SQ RFファントム：ニャッキャー@nyackier,百里基地,20161127

Real Wings

Shoot Phantom II with Love

[1]早朝：ツィッター始めました。@JS5iSD8Ep5KYhSp,岐阜基地,20181118／[2]黄金色：Machiya@machiyaX,百里基地,201901-／[3]ありがとう：まっつ@Matz_matsuyama,小牧基地,20180303／[4]各務原百周年記念塗装機：EPカワセミ@kawasemi_exe,岐阜基地,20171119／[5]また来年：對比地優太@rwmirror,岐阜基地,20171119／[6]歴戦の老兵：YushiAMC@ejdk1002,百里基地,20180723／[7]桜とファントム：NOCHiO@blue2239,岐阜基地,20190408／[8]ラストチェリーブロッサム：みけねこ@Taiho_601sq,百里基地,20190408／[9]去り行くオジロワシ：なかじん@G45941470,百里基地,20181202／[10]別れに向けての旅立ち。：KENTA@ke17n17ta,百里基地,20181201／[11]信頼関係：スカイハイ@-,小牧基地,20190302／[12]白ヘル：石田 爽真@tuna_kandes,エアポートウォーク名古屋駐車場,20180226／[13]取り巻き多数の人気者：紅いタカオ@babi_bis,新田原基地,20161002／[14]All Green：さゆき@Cypher_sayuki,松島基地,20180826／[15]FINAL YEAR 2008 先に翼を閉じたファントム：おひやん@ohiyaphotograph,小松基地,20080921／[16]雨ニモ負ケズコメント：海老吉@ebikiti_shrimp,浜松基地,20171015／[17]夢うつつの時間（とき）：The Naked☆@hiroii3943,百里基地,20190312／[18]さらば新田原基地：Naoki_O@naoki_o_0557,新田原基地,20161002／[19]-：はまたか@-,百里基地,20181202

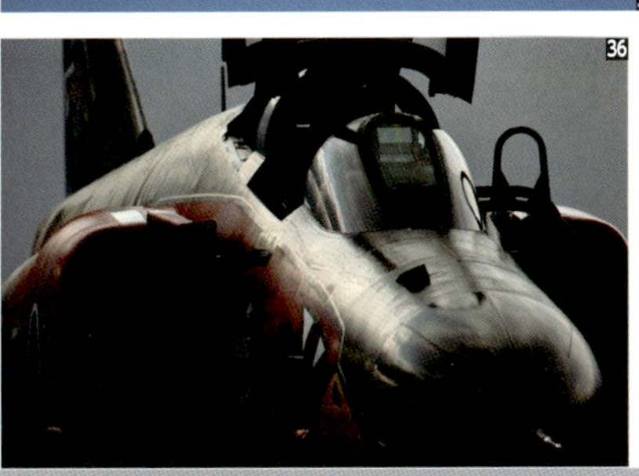
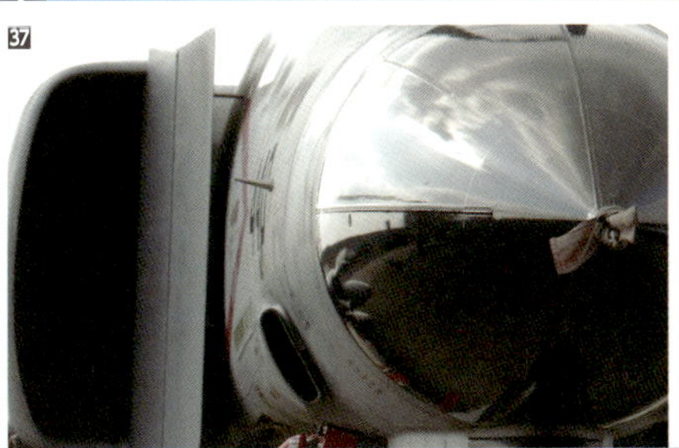

[20]ファントムがくれた楽しい時間：gripen501@-,横田基地,20180917／[21]名古屋空港と飛実ファントム：Slyly@slyly8194,小牧基地,20190302／[22]岐阜のF-4：レーム@ziweikan3,小牧基地,-／[23]RF-4E 洋上迷彩：yossy_hanamaru@yossy_hanamaru,松島基地,20170827／[24]蒼の競演：hayate_ki84@hayate_ki84,松島基地,20170827／[25]実物ファントムおじいちゃん？：みたらし@nm_uw_nm,岐阜基地,20181118／[26]Cleared for takeoff：Keiichi Maeda@RJTA_Kermit,新田原基地,20111204／[27]X-2試験飛行のチェイスを務めるファントム：下郷 淳@sisimomo2011,岐阜基地,20170222／[28]戦闘機3機種の揃い踏み：アルケオの司令官@SHB_Archaeo,岐阜基地,20171119／[29]永遠のファントム：Mプロ@m7pro,岐阜基地,20170603／[30]時代を超えて：航薫@koukun_T1j8n,小牧空港,20160909／[31]低っ！：あけみさん@akemi127,百里基地,20190319／[32]-：もちょ(●・▽・●)@oCGkJvhPtz4GmbW,百里基地,20161127／[33]腹魅せファントムⅡ：gawar@gawar_000,百里基地,20151025／[34]戦い：もりくま@morikumo_chanyo,百里基地,20180206／[35]蛙ひねり：ナカムラ@T_AH19,百里基地,201807-／[36]夕日に照らされる黒尾白：TAKA@alice_herb,百里基地,20181202／[37]僕にとって平成最後のファントム：よっし@himana25,築城基地,20181125／[38]退役軍人：K.Shintani@taka64_,茨城空港公園,20181210

投稿者に了承を得た上で、画像の加工・トリミングしています

Shoot Phantom II with Love

Memories

[1]フォトミッション：菅谷良太@ryo7wing,百里基地,20161117／[2]302SQ 40周年記念塗装：nick_chang@nick_chang,百里基地,2015.00302／[3]志士、見参！：Bio_24@kotetsu24,百里基地,20100725／[4]百里移転1周年記念塗装機：宇田川 武@takeeeti,百里基地,20100426／[5]-：maki@zzw30maki,岐阜基地,20151015／[6]タッチ&ゴー：下郷 淳@sisimomo2011,名古屋空港,20180216／[7]白い彼女：月笛@-,入間基地,20150116／[8]ADTW 60周年記念塗装：nick_chang@nick_chang,岐阜基地,20151025／[9]501SQ 50周年：nick_chang@nick_chang,百里基地,20120112／[10]project 901：spica@_spica306_,横田基地,20040822／[11]想い出：紀孝@w2101980,百里基地,201707-／[12]余生を満喫：korokoroko4@korokoroko4,茨城空港公園,20190402／[13]羽休め：ユケ@Yukk____777,三沢航空科学館,20161103

投稿者に了承を得た上で、画像の加工・トリミングしています

14  15

16

17

18

19  20

21  22

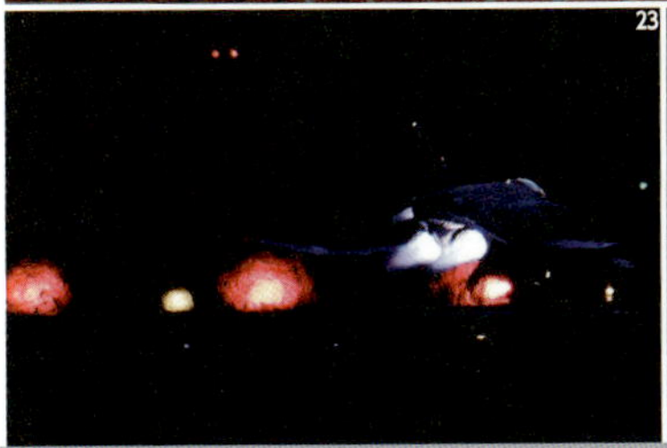

23

24  25

[14]オスプレイと亡霊：下郷 淳@sisimomo2011,名古屋空港,20160520／[15]三菱スペシャル：M Crew@alpscrew,名古屋空港,20070109／[16]1987のファントム天狗：yoshi0310@gpzviper01,築城基地,198711～／[17]REMEMBER 40TH ANIVERSARY PHANTOM MOTHER SQUADRON 301：Takayuki Mitoma「Takamax55」@vmax55531,築城基地,20131027／[18]301SQ 戦競2013：nick_chang@nick_chang,百里基地,20130927／[19]第8飛行隊F4 2008 Final Year：Keiichi Maeda@RJTA_Kermit,小松基地,20080921／[20]超低空：たーまる@-,築城基地,20131027／[21]朝焼け染まるファントム：やななん@DDH181HYUGA301,岐阜基地,20161030／[22]薄明光線：杉本佑貴@-,百里基地,20170711／[23]百鬼夜行：TAKA@alice_herb,岐阜基地,20171219／[24]スーパーファントムーン：まぁくん。@_msk45,百里基地,20140909／[25]白衣のオジロワシと群れの長：ラーズベリーズ@shidenkai301,那覇基地,20181208

[1]永遠に：める747blue@blueblue747,百里基地,20190226／[2]ファントムとのささやかな思い出：観葉植物@JC6X4q4VgRYAwgF,百里基地,20181202／[3]オジロよ永遠に…：D.NAKADA@magus490,百里基地,20190914／[4]-：はまたか@-,百里基地,20181202／[5]百里基地航空祭 2018：ゆんた@yu3hal2non5,百里基地,20181202／[6]想いを後に…：こまいぬ@snowman_1974,百里基地,20190301／[7]-：tng rnt2@rnt tng,百里基地,20181202／[8]青空：KM302@phantom302nd,百里基地,20181202／[9]ファントム×人×ファントム×ファントム：りり@-,百里基地,20181202／[10]302飛行隊：ゼスター@konbukonbusan,百里基地,20180827／[11]ここだよ〜♬：もりまま@-,百里基地,20181202／[12]302sq F-4 final year 2019：HOKU@syuusui3432,百里基地,20181202／[13]おなかもネ：こぐま@koguma_305,百里基地,20190302／[14]白きオジロワシ：小松昭文@nekomatsu67,百里基地,20181202／[15]大好きなF-4：Silicaケイ素@silicaSi,百里基地,20190308／[16]最後の晴れ舞台：しんや@ponkotu_alfa,百里基地,20181202

投稿者に了承を得た上で、画像の加工・トリミングしています

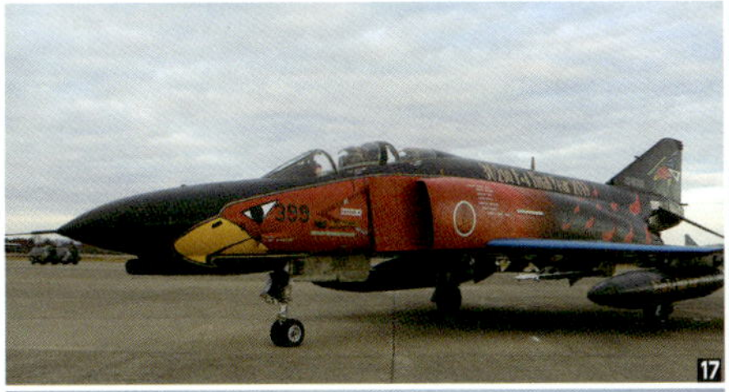
17

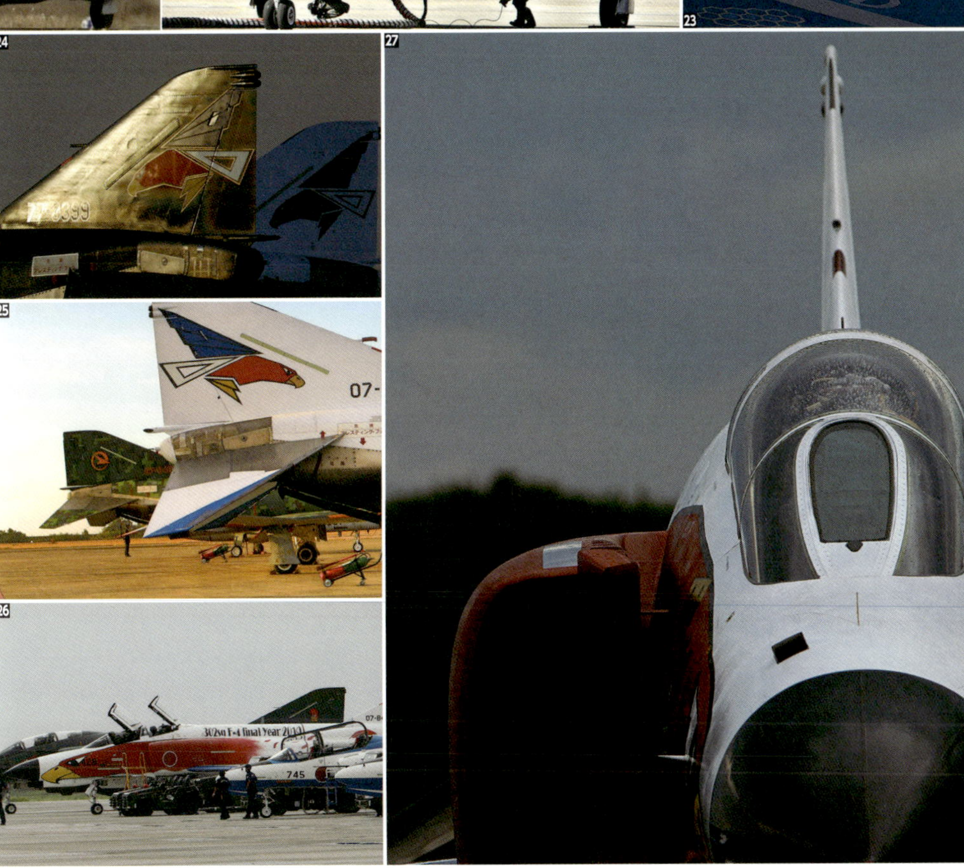

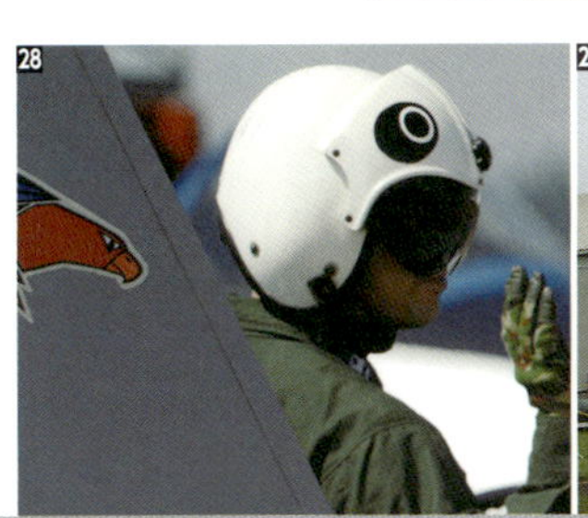

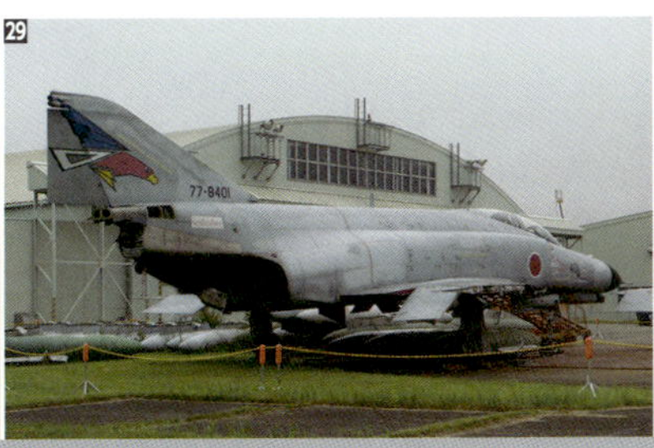

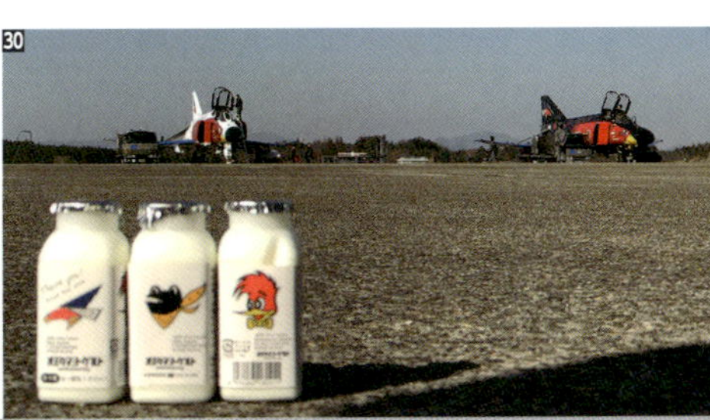

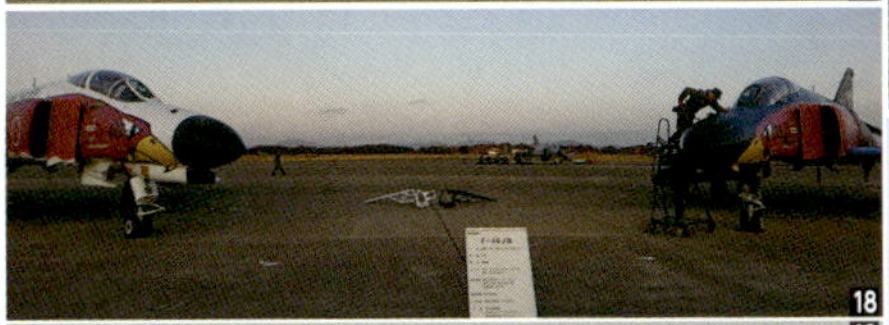
18

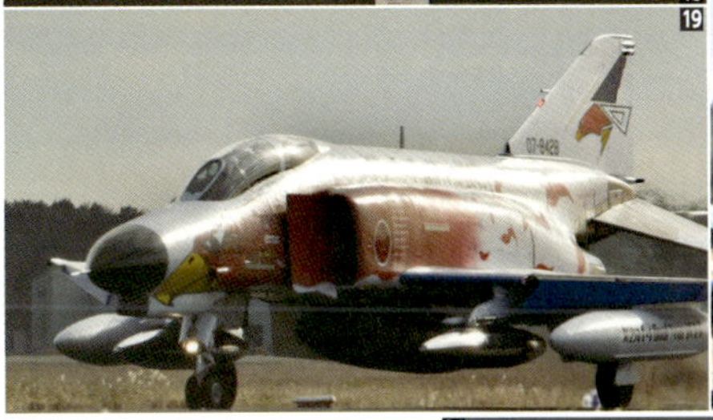
19

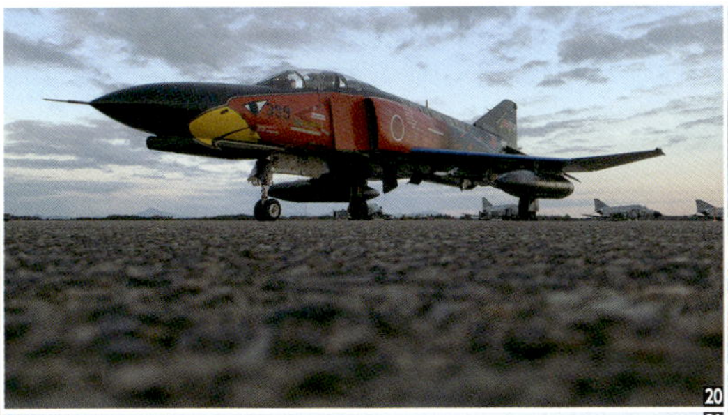
20

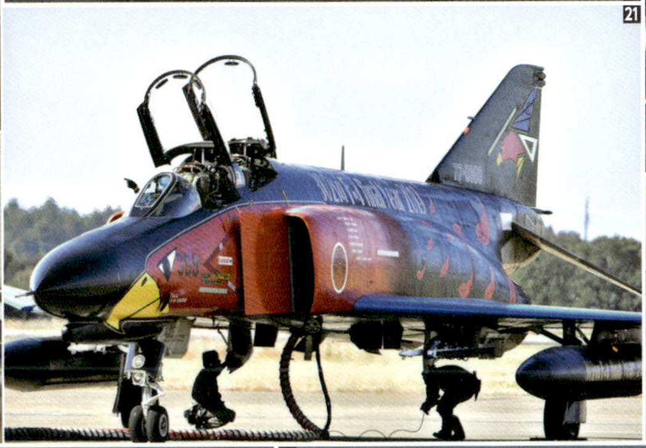
21

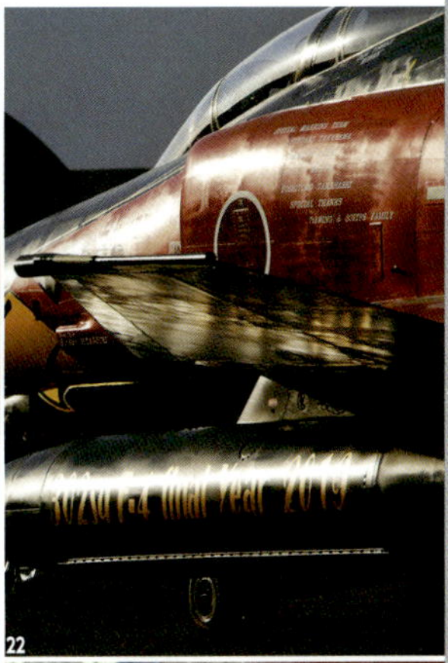
22

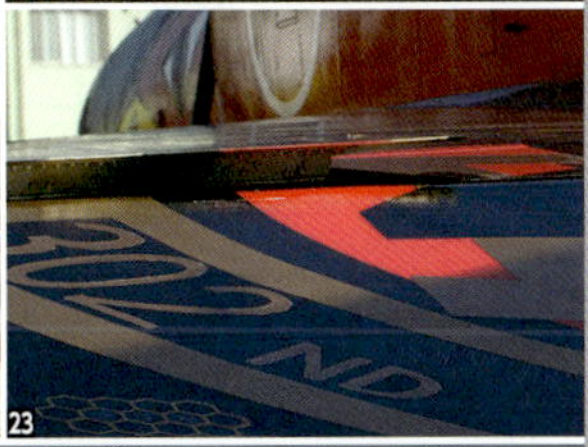
23

24

25

26

27

28

29

30

[17]亡霊の躍動：十六夜妖夢@izayoikongou,百里基地,20181202／[18]はじめまして：ひろひろ@rirakiti,百里基地,20181201／[19]-：丸山紀子@-,百里基地,20181210／[20]朝のファントム：きつね@Fa35Ju,百里基地,20181202／[21]いざ、スクランブル!!：鬼澤 拓也@tk_nkn_d7200,百里基地,20181202／[22]有終の美。：加藤文昭@bebopdesu,百里基地,20181202／[23]翼：サンダーボルト@ys11fc,百里基地,20181201／[24]栄光：ろぺ@t1b860,百里基地,20181201／[25]二度と飛ばない翼：レオニス@Leonis_201,岐阜基地,20181119／[26]ファントムブルー：ゆう@kerokero06311,松島基地,20180826／[27]-：たくと@TAKUTO_hyakuri,松島基地,20180826／[28]みんなのオジロワシ：Bio_24@kotetsu24,百里基地,20090913／[29]たとえ この身が朽ちようとも…：汗だく@fry_sat_sun,百里基地,20130908／[30]地元に愛されて：Hagetaka_1@Hagetaka_1,百里基地,20181201

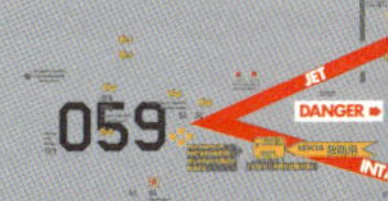

Event & Ceremony

平成30年度 百里基地航空祭

N

第302飛行隊のファントムⅡにとって最後であり、7月の千歳基地航空祭で披露された白い428号機とともに、黒い399号機スペマ*[1]の登場が直前にアナウンスされ、特別な航空祭になった2018年の百里基地航空祭。

エプロン地区の中央には白・黒スペマが、まさにこの日の主役のように置かれています。この2機が飛んだのは11時15分頃。並んだまま滑走路を駆け抜けると上空で左右にブレイク。基地を南側へ大きく回り込むと、エプロン地区に置かれたVADS*[2]に向かって高度を下げ、轟音とともに機体を翻して北へ。このAGG*[3]機動を数度、繰り返したのち、白・黒の順番で着陸し、ドラッグシュートを開きながら滑走路の北端でターン。ファンに見守られてエプロン地区へ戻ります。

再び並べられた2機の前に、仲村第302飛行隊長を中心に、飛行後の作業を終えた隊員が揃って記念撮影。航空祭を締めくくっていました。

［N 撮影：中村俊彦］

*1：特別塗装機
*2：ファントムIIが搭載しているものと同じ機関砲を防空用としたもの
*3：対地射爆撃

ファントムおじいちゃんもスペマを
案内していました

捻りながら飛び去るRF-4E

8時頃、曇天を伺うように飛び立ったT-4につづき、多数のファントムⅡのエンジンが始動されて会場は灯油ファンヒーターのようなニオイで包まれます。9時半頃から第501飛行隊のRF-4Eを先頭に、第301飛行隊・第302飛行隊のファントムⅡがフォーメーションを組んで滑走路上を航過していきます。第302飛行隊のファントムⅡが参加するフォーメーションもこれで見納め。

続いて、10時になると第501飛行隊の905号機と907号機が順に上空を入ってきます。ここで、機体がエプロン地区正面に来た頃にファントムⅡに向かって手を振りましょう。12時頃になると、RF-4Eが撮影した会場の様子が掲出されるので、自分を探してみるのも百里基地航空祭ならではの楽しみです。

11時半からの小松基地所属F-15Jの展示飛行では、ファントムⅡとのターンの様子の違いに注目です。

第501飛行隊のRF-4Eによって撮影された会場の様子 画像：航空自衛隊百里基地HP

ファントムⅡのコクピット見学やF-35の牽引するパレットに乗ってエプロン地区の南側から駐機展示されている航空機を眺める観覧車なども楽しむことができます。飛行を終えたパイロットや、基地のキャラクターに扮した隊員に話しかけると、普段聞くことのできないファントムⅡの秘密を教えてくれるかもしれません。

百里基地へのアクセスは今年から、指定の駐車場にクルマを停めてバスで百里基地へ向かうパークアンドバスライドを利用するか、石岡駅からのシャトルバスに乗ることになりました。基地付近への影響に配慮して導入された措置でした。百里基地のホームページで、アクセスの案内の他にも持ち物の制限などが案内されますので、10月頃になったら確認しておきましょう。

急上昇する第301飛行隊のF-4EJ(改)

ファントムⅡのキャラクター“スプーク”に扮する隊員

急に春らしい陽気となった 2019 年 3 月 2 日、第 302 飛行隊が三沢基地に移動し、機種を F-4EJ（改）ファントム II から F-35A ライトニング II へと更新することを記念した式典が開催されました。

展示飛行へ飛び立つ特別塗装の 2 機

会場となった百里基地のエプロンには第 302 飛行隊のファントム II が 3 機並べられ、その前ではパイロットや OB の方々が、ファントム II の思い出を語っているようでした。

13 時 45 分にパイロットによる機体チェックが始まり、14 時 00 分、特別塗装が施されたファントム II が 2 機、キャノピーを開いたまま白・黒の順番で誘導路へ移動を始めました。通常塗装機は予備機としておかれていたそうです。

民航機の離陸を待って、2 機が並んでコンバット・ディパーチャー＊1 で離陸。式典中待機のために、太平洋上へ向かっていきました。

格納庫に移動して、式典が始まります。

＊1：2機が並んで離陸を開始し、離陸後に左右に旋回を行う離陸方法

国歌斉唱に続いて、1974 年の編制から東日本大震災の復興支援・航空総隊戦技競技会 5 連覇などの第 302 飛行隊の歴史を振り返りながら「隊員は新たな場所で任務を遂行していくことになるが、『風林火山』と『オジロワシ』の精神と伝統は、在籍隊員の中に受け継がれていく。」と、第 302 飛行隊長が隊員の未来へ言葉を贈っていました。

第 7 航空団司令は、「配備機数が減り困難な状況にありながら立派に務めてくれた」とねぎらい、F-35A 臨時飛行隊長へは第 302 飛行隊の 45 年の歴史を「オジロワシ」とともに継承して欲しいとの言葉を送っています。

祝辞を述べた来賓の方々からは「F-35A は『見えづらい機体』と言われていますが、百里基地関係者の心の目では、はっきりとオジロワシが見えるはず。オジロワシの F-35A が三沢基地にたどり着くまで、さらに励んで欲しい。」「創設から 45 年を超えたおじいさんが老骨に鞭打ち、息子を飛び越して、孫世代の F-35A に直接引き継ぐことができたのには、関係者の想像を超える苦労があっただろうと思う。」と、激励とねぎらいの言葉がかけられました。

盛大な拍手の中、第 302 飛行隊長から F-35A 臨時飛行隊長へ飛行隊旗の引き継ぎが行われ、閉式となりました。

Event & Ceremony

第302飛行隊部隊移動記念式典

式典の参列者が見上げるなか、白・黒のファントムⅡが基地南側から滑走路上を航過、15時15分頃に着陸しました。

飛行後のチェックののち、予備機の435号機を中心に左に黒399号機、右に白426号機が並べられ、その前に元第302飛行隊長などの来賓や現役のパイロット、整備員が揃って「さん・まる・に〜」のかけ声とともに笑顔で記念撮影。

招待された方々は、3機のファントムⅡの前で思い思いに過ごしていました。パイロットのお子さんでしょうか、399号機の前で両親と記念撮影のあと、はしゃいでいた姿が印象的でした。

315号機もエプロンに出されていましたが、ひっそりとたたずんでいました。関係者に話を聞くと、機体はオジロワシのマーキングが剥がされて第301飛行隊に引き継がれるものもあるとのこと。

また「オジロワシの垂直尾翼が記念に残されることになった」や「白スペマは那覇へ」といった話も聞こえていて、関係者の方々の「オジロワシ」への思い入れを強く感じる式典でした。

A DAY of Phantom Ⅱ

ファントムⅡを最も近くで感じることができる現場

ファントムⅡの運用を最前線で担う**飛行隊整備小隊**。機体の状態を把握し、パイロットを空へと送り出す。飛行後は、雨でも夕闇に包まれても再び安全に飛ばすことができるように機体の整備を行っています。

豊富な知識と精確な技術でその任務を全うする、**APG（AirPlane General）**と呼ばれる彼らの視線からは、ファントムⅡへの愛情を感じました。

APGに支給されるツール。工具はSnap-On、イヤマフはPERTORが主に使われているようです。

ファントムⅡの整備に関わる人はどのような人がいるのでしょうか

列線での整備のほかに、エンジン主体・計器類の専門の人達もいます。例えば、私たちが計器の不具合に気付くと、取り外して計器専門の人達に修理してもらうことになります。

列線のAPGには、どのような技術が必要とされるのでしょうか？

列線を担当するAPGは、F-4を安全に運用するための全ての技術が要求されます。そのために、資料を見たり先輩達に教えてもらったりしながら、勉強しています。

2年ちょっと列線を担当していますが、まだまだ一人前には遠いと思います。毎日知らないことがあるので、どのくらいやったら一人前になれるのか、想像もできませんね。

ファントムⅡと接していて好きな瞬間は？

エンジンスタートからエンジンカットまでの作業が好きです。エンジンが回っている姿を間近に見ることができることに、やりがいを感じます。

お気に入りの機体はありますか？

機付長をやっている440号機は「シシマル」って呼んでます。一番格好良くも可愛くも見える機体です。一番最後に生産されたF-4EJだけあって末っ子気質なのか、手がかかります。

第302飛行隊の黒と白の特別塗装機に愛称はなかったようですね。「428、399」といえば、みんな分かっていますから。

ファントムⅡのイメージはどのようなものですか？

ファントムおじいちゃんのキャラクターは可愛いけれど、私にとってファントムⅡは「頑固おやじ」のように感じます。今の戦闘機にはないゴツさ・重厚感が好きです。

ファントムⅡを初めて知ったのはどのようなかたちでしたか？

父が飛行機好きで、ベビーカーに乗っている頃から航空祭に連れて行かれていたようで、「お前はF-15のエンジン音を聞いても泣かなかった」と聞かされています。

父はプラモデルも作る人で、それが初めて見たファントムⅡだったんだと思うんですけど、幼い頃だったので憶えてないんですよね。

ファントムⅡファンへのメッセージを

F-4は世界的にも少なくなっているので、世界中の人に航空自衛隊のF-4のことを憶えておいてもらえるように、F-4に携わってきた先人に恥じることのないような有終の美を飾りたいと思っています。

列線APGの一人前への道のりは遠い

エンジンが回っている姿を間近に見られることが列線整備を担当するAPGのやりがいだと、廣瀬空士長は嬉しそうに話してくれました。

ツナギとセパレートタイプの作業服があるようですが。

どちらも支給されます。動きやすいので、主にツナギを着用していますが、冬場は上に着込んだりして調節がしやすいのでセパレートタイプの作業着を着用することが多いです。みんなで共有の洗濯場なので、乾きづらかったり、洗濯は大変です。

作業の時に汚れることは？

機体の下回りの掃除では、汚れることがありますね。膝をついて作業をしないように指導を受けたので、膝回りはあまり汚れません。

思い入れのある機体はありますか？

415号機の機付長をしていて、自分に預けられた機体ということで、思い入れがあります。

機付長は、機体の整備状況を掌握していないといけないので、機体の責任者だといえます。あまり手がかからない機体だと思いますね。あまりほかのAPGには言ってないですけど「ヨイコ」って、自分の中では呼んでいます。他の機体に負けないように磨き上げています。

ファントムⅡを初めて知ったのは？

小学校1年生くらいの頃、父が楽しんでいたテレビゲームに登場していたF-4が、初めて見たF-4です。第一印象は「そこまで格好良くはないな」でしたね。今は、もちろん大好きです。

胴体が太くてずんぐりとしているので格好良くないと思っていたんですけど、シュッとスマートな印象に変わりました。

ファントムⅡを送り出す時に、必ずやっている「願掛けやおまじない」はありますか？

タクシーアウトしていく時に、「無事に帰ってきて欲しい」と、パイロットと機体に心の中で声を掛けています。

特別塗装機のアイデアはありますか？

第301飛行隊は最初のF-4運用部隊なので、その原点に立ち戻るという意味で、ガルグレーのF-4EJを特別塗装で再現してみたいです。

ファントムⅡファンへのメッセージを

F-2やF-15と同じように日本の空を守っていますから、「現役のお兄ちゃん」として、最後の1機が退役するまで見守って欲しいです。

APGのファントムⅡへの責任と愛情

阿久津空士長にとって、機付長を責任を持って努める415号機は「手の掛からない“ヨイコ”」のようです。

ハンガー（格納庫）の奥にたたずむ、待機中のファントムⅡ

牽引されるファントムⅡ。乗用車と並ぶファントムⅡは、エプロンで見るよりもはるかに大きく見えます

コクピットのAPGと連携して、AOA（迎え角）センサーのチェックをしています

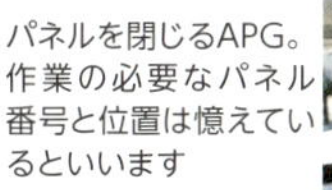

23.25°の角度がつけられたスタビレータに乗って、スクリューの増し締めをするAPG

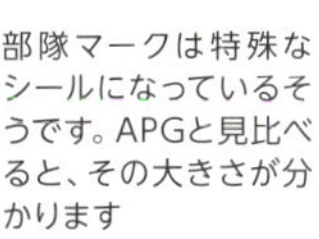

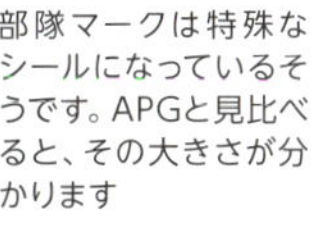

パネルを閉じるAPG。作業の必要なパネル番号と位置は憶えているといいます

部隊マークは特殊なシールになっているそうです。APGと見比べると、その大きさが分かります

離陸を見送ったAPGはエプロンに戻り、ファントムⅡの帰還を待ちます

暗闇の中、懐中電灯を頼りにその日最後の整備を行うAPG

A DAY of Phantom Ⅱ

ファントムⅡを見守る目線を追った1日

航空自衛隊第7航空団飛行群 第301飛行隊は、航空自衛隊で唯一、F-4EJ（改）が配備され、日本の空を守る任に就いています。

第301飛行隊整備小隊の**APG**（AirPlane General）の姿を1日追いかけると、ファントムⅡのディテールとともに、さまざまな格好良さを感じることができるました。

1. 穏やかな日差しの中へ ハンガーアウト

ファントムⅡの１日が始まる

午前８時前、ハンガー（格納庫）の中にAPGの姿が増えてきました。ファントムⅡの運用を担う彼らは、腰に工具を備えると、担当する機体へ向かいます。

整備員といわれることが多いですが、自分たちでは**APG（AirPlane General）**といっています。教育隊で職種が発表される時に「お前はAPGだ」と任命されるのです
当日の**朝に担当する機体が決まる**ので、機体ごとのAPGのメンバーは日によって変わります
タグの台数は限られているので、自分たちの担当する機体を牽引する順番まで、ハンガー内で点検作業を進めておきます

別の場所で整備が行われているファントムⅡを受け取るためにAPGが乗り込むタグ（牽引車）の横で、点検が始まりました。

主翼の上での点検が一段落した頃、ファントムⅡの前輪につなげられたトーバーをタグの後部に結合し、ゆっくりとハンガーアウトしていきます。

APGは牽引の運転免許を持っていますが、F-4の牽引は航空機の牽引の資格が別に必要になります。牽引時には**ブレーキマン**といって、緊急時に機体を停止するために**コクピットにAPGが搭乗**します。牽引している時はタグのブレーキで制動するのですが、ファントムⅡはとても重い（約18t）のですぐに止まれません。安全運転です

速度制限のイラストがカワイイですね！

ファントムⅡをエプロン（駐機場）に等間隔に並べられたところで、飛行前の点検作業が再び始まります。
機体上部後方では、垂直尾翼に手を掛けてラダーを動かして可動部分のチェックを行った後、スタビレータに乗って、その付け根部分に異常がないか確認しています。

スタビレータの上で作業を行う時は、滑落しないように気を付けています。塗装されていないので**雨の日は特に滑ります**

機体側面の黒い縦の筋は、機体上部から主翼に降りる時に靴が当たった痕なんですね

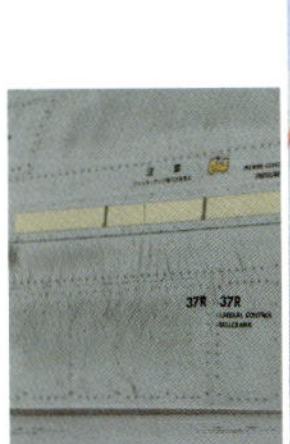

胴体上部から主翼上のウォークウェイに降りて、胴体パネルのスクリューがきちんと締め込まれているかの確認を行います。

エンジンノズル内の点検も入念に行われていました。エンジン後端にあたるノズルには、エンジンの出力に応じて絞るように可変する機構があるため、内部はかなり複雑です。ひび割れや脱落がないか、細かくチェックします。

雨に濡れた手袋を、**停止直後のエンジンノズル付近**でこっそり乾かすこともあります

列線で交換できる部品もあるので、摩耗があった場合は**交換作業も行います**

ファントムⅡが艦載機だったことの名残の一つ、大きなアレスティングフックの点検も時間を掛けて行われていました。その後、アレスティングフックが不意に作動しないようにワイヤーが掛けられます。

機体下面では、緊急時にタンクを投棄するための火工品（火薬）をパイロンにセットし、固定する作業を行っています。

タンクを取り付ける作業は、**手が届きづらい作業**があって、大変です

液体酸素の補充は「ドレンから**あふれたら完了**」です

液体酸素のタンクが到着し、ホースが機体と接続されました。パイロットのマスクに酸素を供給するためのタンクに液体酸素が充填されると、接続したドレンパイプから気化した酸素が排出されてきました。

機体上部を点検していたAPGは、工具を布に持ち替えキャノピーを磨き始めました。飛行前の点検作業もいよいよ大詰めです。機体の整備状況をログブックに書き込んでいきます。

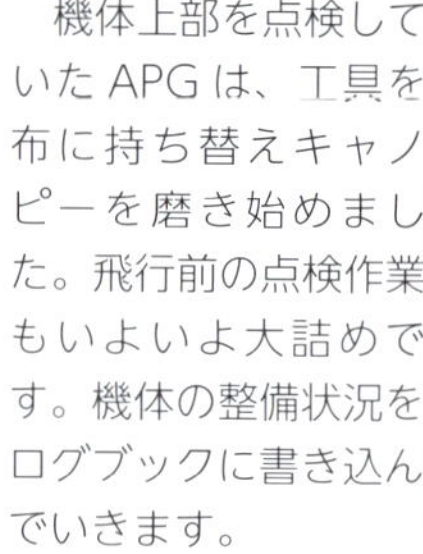

キャノピーは専用の布で磨いています。特別な薬品は使いませんが、虫などが付いているとパイロットが**遠くの航空機と見間違えてしまう**ことがあるので、念入りに磨き上げます

タグがAAM-3（90式空対空誘導弾）の訓練弾が載った運搬用の台車を引いてきます。3人で慎重に持ち上げると、ウイングタンクを避けながらランチャー（AAM-3などのミサイルを取り付け、発射するための装置）に装着します。

弾体の先頭部分が白いのは、誘導装置は実弾と同じものが搭載されているということ。それより後が青く塗られているのは、炸薬と推進剤が搭載されていない訓練用であることを表しています。先端の黄色いものは、シーカー（目標を探知してミサイルを誘導するためのセンサー）を守るためのカバーで、飛行前に取り外します。

AAM-3のようなファントムⅡの武装の管理は「アーマーさん」と呼んでいる別の部署がおこなっているので、**取付もアーマーの担当**です

状態を共有できるように、**ノーズのARMAMENT欄**に書いていくんですけど、書体が独特なんです

2. J79エンジン始動の轟音に包まれる

ファントムⅡのエンジンが回る

ついにパイロットが、整備の終わったファントムⅡのもとに登場します。先ほどAPGが整備状況を記入していたログブックをチェック。圧縮空気と電源を送るホースをファントムⅡに接続してエンジン始動の準備が進むなか、パイロットによる機体チェックが始まります。

機長となる前席のパイロットは機首から時計回りに機体の周囲をチェックしていきます。

パイロットが座席に着くと、腰にサバイバルキット、肩にパラシュートのハーネスをパイロットにつなぐ作業をAPGが行います。また、パイロットが座るシートは、緊急時にロケットで射出される機能が付いているのですが、整備中などに作動しないように安全ピンが付いています。これを抜くのもAPGの担当です。

パイロットの近くでの作業になるので、天候などを話すことが多いです。たまに**笑わせてくるパイロット**もいます

キリッとした雰囲気をまとったパイロットの空気が一瞬、**にこやかな表情**を見せてくれます

後席のパイロットはログブックに記入を終えてラダーを登り、垂直尾翼を確認します。

機体上部のチェックは決まりではないのですが、**後席のパイロットは、前席のパイロットより先に機体に登って**機体上部のチェックを行っていますね

APG がラダー（搭乗に使う梯子）を外し、パイロットがヘルメットを装着するとエンジン始動です。

エンジン始動後、エルロン・スタビレータ・前後フラップ・ラダーがパイロットの操作に沿って、**適正に作動することをチェック**しています。APGは、ハンドサインとインカムでパイロットに作動状況を伝えています

圧縮空気を送り込むための起動車からのホースが、機体下部の右エンジンへの接続口につながれています。航空機では通常、コクピットに座った状態を基準として、右左を示します。手前は電気を送るためのコードです

起動車の操作を行うAPGとパイロットはハンドサインで手順を確認しながら右エンジン・左エンジンの順に始動していきます。

2本指を立てて右エンジンの始動を開始。圧縮空気がエンジンに送られていることが、エンジンの回転計で確認できると、パイロットは拳を作ります。回転計が10%上がるごとに指を1本ずつ立てていき、40%になると手を払う仕草で右エンジンの始動が完了したことを示します。機体下部のAPGがホースを左エンジンにつなぎ替え、左エンジンのスタートを右エンジンと同じように行います。

エンジンに異常があった時に脱出しやすいように、パイロットが機体への搭乗を行う左側とは逆の右エンジンからスタートします

起動車が使用できない状況でエンジンを始動するときには、火薬を成型したカートリッジをセットし、爆発によって生じる圧力でエンジンを始動します。F-15は内蔵のJFS（Jet Fuel Starter）により、起動車なしでエンジン始動可能です。

カートリッジスタート後は火薬の煙でとても汚れるので、**整備が大変**だそうです

［百里基地外部から撮影］

エプロンがJ79エンジンの轟音に包まれるなか、起動車が走り去ります。

エンジン状況を確認するパイロット。APGは、エンジン始動後に前縁フラップの稼働部分の確認を行っています。

動翼の確認が済むと、下回りの最終確認を終えて、いよいよタクシーアウトです。

APGが抜いたピンを掲げ、パイロットがそれを確認すると、ハンドサインに導かれてファントムⅡが誘導路へと進んでいきます。

機体が飛び立つ頃には、**帰還後の作業に備えて**エプロンからは撤収してしまうことが多いですね

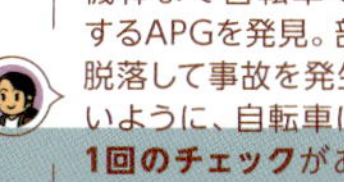

機体まで自転車で移動するAPGを発見。部品が脱落して事故を発生しないように、自転車にも**月1回のチェック**があるだそうです

タクシー中のファントムⅡを真後ろから見ようとエプロン中央に立っていたら「危ないから移動して」とパイロットから。アイドル出力であっても排気は強く、30m離れていてもよろめくほどです

エプロン（駐機場）を離れ、タクシー（自らの推力で移動）していくファントムⅡ。背景には筑波山
百里基地らしい景色の中を離陸していきました

この日1回目の飛行は、北寄りの風だったため、滑走路南端から離陸することになり、滑走路に並行におかれた誘導路と呼ばれる移動用の通路を南へタクシーしていきます
離陸後は、太平洋上に設定された訓練空域に向かうことが多いため、東へ旋回していきます

通常は東側03R/21Lの滑走路を使用しますが、場合により西側の滑走路を使用することもあります

離陸の約1時間後、編隊のままオーバーヘッドアプローチで滑走路上を航過
ピッチアウトして編隊を解き、次々に着陸するファントムⅡ

航空自衛隊の戦闘機は通常、オーバーヘッドアプローチ（360度直上進入）と呼ばれる、着陸方式をとります。着陸に適した高度・速度に、いち早く落とすための着陸方式です

この着陸では、南寄りの風となったため、滑走路の延長線上、北側から滑走路上空に進入し、滑走路上を航過し、左に旋回して滑走路北側に回り込んで着陸しています

3. 次に飛ぶための準備を整然と

約１時間の訓練飛行を終えて

滑走路の先に着陸灯のきらめきが見える頃、APGが再びエプロンに集結してきます。J79エンジンのオイルを補給する機材を引いてエプロンに向かうAPGの上空を3機のファントムⅡが航過していきます。

エプロンに戻ってくる頃には、準備万端でファントムⅡを出迎えます。所定の位置に機体が止まると、チョークをかけ、APGとパイロットの会話のためのインカムとアース線が接続され、飛行後の点検が開始されました。

ファントムⅡには駐機時に掛けておくブレーキはありませんから、機体を止めておくための**チョーク**（主脚タイヤにかけるタイヤ止め）**が必要**です。東日本大震災の時は、機体がチョークを乗り越えてしまったそうです

パイロットが各舵面を操作し、作動状態の確認を行います。外翼の前縁フラップの隙間を覗き込む時は、翼端に懸垂したままじっくりと検査する必要があります。

下回りでは、エンジン起動中でもできる点検作業が進められています。

エンジンが稼働していない時は、**起動車のGTC**（エンジンに空気を送る装置）と接続して、舵面を作動させて検査します

APGによってシートの安全ピン装着とハーネスの解除がされたパイロットは機体から降り、APGに機体を預けるように言葉を交わして、ファントムⅡを離れます。

機体先端のピトー管を保護するカバーが取り付けられます。ピトー管は、対気速度を計測するための細い管状のセンサー。機体の周りをどのくらいの速度で空気が流れているか知ることは重要なので、砂埃などが詰まることでピトー管の作動を妨げることのないようにカバーを掛ける必要があるのです。

インテイクの中を覗き込むAPGは、そこから見えるエンジン前端の様子を確認しています。

エンジンの前方を検査するために**インテイクの中に入ることも**あります。ファントムⅡが帰ってきてすぐに入らないとエンジンの熱がインテイクに伝わってきて暑いんです

第7航空団 整備補給群に所属する20キロリットル燃料給油車から伸ばされたホースが機体につながれ、ファントムⅡのタンクがJP-4というジェットエンジン用燃料で満たされていきます。

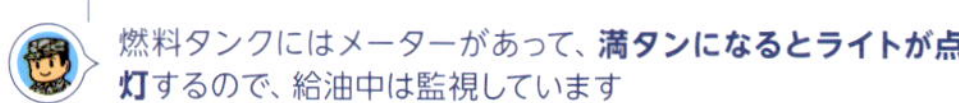

燃料タンクにはメーターがあって、**満タンになるとライトが点灯**するので、給油中は監視しています

JP-4は灯油に近いみたいで、ファントムⅡのエンジンが掛かると、ファンヒーターのようなニオイがしますよね

地面の黒いホースは20キロリットル燃料給油車からの燃料を、白いコードは起動車からの電気をファントムⅡに供給するためのもの。AAM-3のランチャーにかけられているのは、エンジン騒音のなかでAPGがパイロットと会話するために装着するインカムです。

機体の隣に整然と置かれた機材。その時に必要な機材だけが、機体ごとに、決められた並びで置かれています。

全員が**どこに何があるか掌握**できるように、並べ方も決まっています。飛行隊ごとに違うと思います

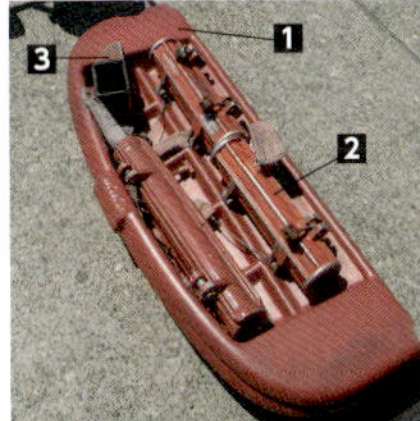

ファントムⅡを牽引する時に使う3種のカバー。下に置かれているのが、インテイクに異物が入らないようにする❶インテイクカバー。❷TAT（全大気温度）センサーの四角いカバーはあまり装着されていません。円筒形のものは、ふいに降着装置が折りたたまれないように取り付ける❸レッグガードです

ということは、レッグガードが装着されているところが**ファントムおじいちゃんのスネ**ってことね

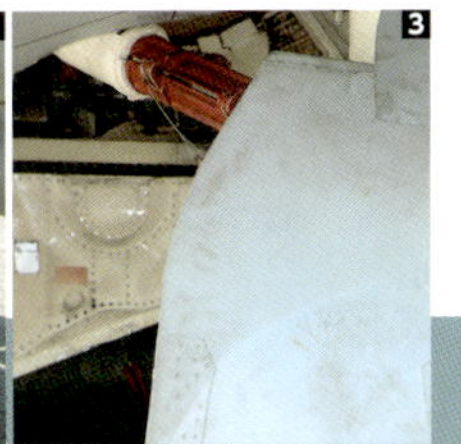

ドラッグシュートの搭載はとても大変そうです。収納部奥のフックにドラッグシュートを接続して本体を押し込み、体重を掛けるようにしながら蓋を閉めます。コクピット内のAPGがドラッグシュートを作動させ、正常に蓋が開くことを確認。再び、蓋を閉めます。

蓋が閉じられていても**ドラッグシュートが収められていることが分かるように**、黄色いリボンが外に出るようにセットしますその出し加減が難しいんですよ

水平尾翼の無塗装部分が虹色に輝いていることを発見しました。J79エンジンから出たオイルが薄く載っているのかな？

主翼上面のスポイラーと下面のエアブレーキなど、各部を手分けしてチェックしていきます。

ドライバーの柄で打診（叩いた音でスクリューが締まっているか確認）して、一部増し締め。

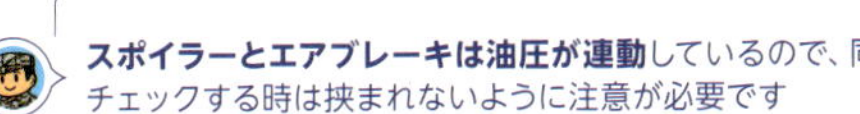

スポイラーとエアブレーキは油圧が連動しているので、同時にチェックする時は挟まれないように注意が必要です

打診の時、私は**手の平で叩く**ようにしています。ひとそれぞれですね

覗き込みながら主脚周辺を点検中です。タイヤは、乗用車のタイヤと一緒で、定められた溝の残量や使用期間によって交換されます。

後輪のタイヤ交換は、**ブレーキローターを全て分解**しなければいけないので、手間と体力が要求される大変な作業です。ブレーキの再組み立てで必要になる、セーフティワイヤの作業は手間が掛かります。針金を通して捻ることでナットが弛まないようにするのですが、きれいにまとめるのが難しいですね。**練習用の器具**を使って練習をしているのですが、まだまだ、先輩からやり直しを指示されることがあります

J79エンジンのオイル補給作業です。専用の機材を使ってホースで注入します。2本のうち1本はエンジンからオイルが戻ってくるホース。エンジン内のオイル量を表示する計器はないので、エンジンからオイルが戻ってきたら満タンになったということで、作業完了になります。

オイル受けの缶。手作り感がカワイイ。**オイルに空気が混ざっていないか確認**するために使うそうです

エプロンでエンジンの試運転をする時に、エンジンが**異物を吸い込まないようにするカバー**です

タグ（牽引車）にも種類があります。ファントムIIを牽引するのは3t牽引車、AAM-3のラックを牽引してきたのは2t牽引車です。牽引する重量によって使い分けます

機体下部には気にかかる場所があったようで、小さな鏡が付いたロッドを差し込んで直接目視できない場所を点検しています。

ファントムⅡには**指先しか届かないような作業もある**ので、経験が大切です

機体が低いので、下に入っての作業は大変そうですね。**カラダとか、痛く**なりませんか？

カラダに負担がないような作業姿勢をとるようにしていますが、下を移動する時に開いている**パネルの角が背中に当たって痛い**思いをすることはあります

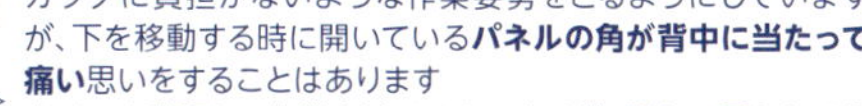

痛くても我慢して作業を続けるんですけど、**誰かに見られると恥ずかしく**なります。「大丈夫か？」といわれながら、イジられるんです

APGの昼食が控え室に運ばれてきました。

ファントムⅡの整備を終えて、ログブックに整備内容を書き込んだら、昼休憩です。

DANGER
INTAKE

4. 目の前を離陸していく 4機のファントムII

耳をつんざく8機のJ79エンジン

滑走路脇で待っていると、ハンガー方向から宅配便に使われている自動車と同型のユーティリティ整備車がやってきます。中からは、チョークを手にした数人のAPGが出てきて、滑走路北端に並んでいきます。起動車もやってきました。

滑走路の反対側に目をやるとモーボにも人影が。離陸前の準備が始まったようです。

離着陸時には、**モーボ (Mobile Control)** にパイロットが入り、航空機に異変がないか見守っています

エプロンから４機のファントムⅡが列をなしてこちらに向かってきます。暖かだったこの日、わずかに残る桜を背景に誘導路をタクシーしていきます。

タクシー中のキャノピーの開閉に決まりはありません。風が冷たい時はキャノピーを早く閉めたいのですが、ほかの機体が閉めないでいると、我慢して開けておいたりするんですよF-4はエアコンが効かないので、夏場はできるだけ開けておきたいのですが、夏場の雨の日だとキャノピーを閉めなければならず、サウナのようで離陸前に汗びっしょりになります

誘導路の北端で向きを変えてアーミングエリアに等間隔で並び、APG によって最後の機体チェック、安全ピンの取り外しが行われます。

ミサイルなどを意図せず発射することのないように差し込んであったピンを取り外し、武装を実際に使えるようにすることから、アーミングエリアと呼ばれています。このアーミングエリアでの APG による機体確認が離陸前最後の検査作業となるので「ラストチャンス」とも呼ばれます。

パイロットとは会話できないので、**ハンドサインとアイコンタクト**でチェックの終了を伝えます

点検が終わると、4 機が一斉に前脚の着陸灯を点灯し、滑走路に進入していきます。

4 機のファントムⅡが滑走路端に整列
管制塔からの離陸許可を待ちます

J79 エンジンの音が高まり、ブレーキが解除されるとファントムⅡが加速を始めます

操縦桿を大きく引いたまま加速し、前脚が滑走路を離れます

横風の影響を受けたのか、左主脚から先に地上を離れました

後縁フラップは最大 60° の半分に設定されています

約 330km/h 以上をめやすに、前後フラップと降着装置を上げはじめます

前後のフラップが上がり始めます

200km/h を超えて、さらに加速を続けます

機首の上げ角が 10 ～ 12° となるように、コントロールします

前縁フラップは、最大の約 55° に下げられています

降着装置を出している状態では速度制限があります

フラップが中間まで戻りました

前縁のフラップがほぼ、元の位置に戻り、さらに速度を上げます

滑走路端に並んだファントムⅡが次々に離陸
左に旋回して訓練空域のある太平洋上へ向かっていきました

2機が並んで離陸を行い、左右に旋回するコンバットディパーチャーと呼ばれる離陸方法を見ることもあります
これは、戦闘機にとって無防備に近い高度・速度が低い状態で後ろから襲撃を受けることを想定した、実戦的な離陸方法です

1時間ほどの訓練を終えて、北側から滑走路へと降りてくるファントムⅡ

高度 10m を切ると、地面と機体の間の空
気の流れにより、機首下げの力が働きます

着陸時の荷重を主脚が受けるように、操縦桿
を大きく引いています

エンジンの出力をアイドルに絞ります

ドラッグシュートが開き始めます。前脚はま
だ接地していません

スタビレータを中立位置へ戻していきます

ドラッグシュートが完全に開きました

タイヤスモークが主翼端の渦にふわりと舞います

ABS によってタイヤがロックされないようにブレーキが自動調整されます

前後フラップは最大の下げ角になっています

前輪にはブレーキはありませんが、接地した瞬間、タイヤスモークが上がりました

ドラッグシュートがわずかに回転しています

約 60km/h のタクシースピードまで減速していきます

5. 訓練を終え無事に帰る

ドラッグシュートの花を開いて

北の空にファントムⅡの機影が見えてきました。滑走路端を過ぎた頃、タイヤから白煙を上げてタッチダウン。タイヤの煙は主翼に沿って外に流れ、翼端で巻き上げられて渦を作ります。

低速ではエルロンが効きづらくなるためファントムⅡの着陸は難しいのですが、フラップに連動してロールのコントロールにもラダーを使う機能が付いています

後続の機体もすぐそこ。右手から吹く風にわずかに機体を傾けた後、1番機と変わらない位置に主脚タイヤをおろします。小さな誘導傘に続き本体のドラッグシュートが展開して前脚が接地。減速しながら滑走路端まで滑走していきます。

向かい風が強い時にドラッグシュートを使ってしまうと速度が落ちすぎてしまうので、**ドラッグシュートを使わないこともあ**ります

飛行場勤務隊の車両に誘導されて、滑走路の南北中央付近からエプロンへと向かう途中、先ほどファントムⅡが着陸したあたりを走行。窓から身を乗り出すと、3本溝の主脚タイヤのマークが黒々と残っていました。

タイヤの痕と、はるか先まで続く滑走路。これが**ファントムⅡが着陸の時に見る景色**なんですね

誘導路の脇に接地された**誘導灯**。近くで見ると大きくてビックリしました

滑走路脇には、緊急時に機体を受け止めるための移動式バリアーが置かれています。

6. 切り離される ドラッグシュート

夕暮れにふわりと舞う

3回目の飛行訓練に上がったファントムⅡの帰還を滑走路の南端で待ちます。

着陸したファントムⅡはドラッグシュートを開いたまま、誘導路へ続くアーミングエリアへと入り、そこで再び機首を南を向けます。その瞬間、ドラッグシュートが機尾から切り離されてふわりと舞い、誘導路脇に落ちます。

次にやってきた機体も同じようにドラッグシュートを切り離し、僚機とともにエプロンへ帰って行きました。

ツヤ感が違うのは、**IRAN**（工場で定期的に行われる補修点検）で**塗装を補修**したためです。雨の日に、そういう所に乗ると滑るので注意しています

しばらくすると１台の起動車がやってきました。APGが１人、運転席から降りると、ドラッグシュートの回収を始めます。

ドラッグシュートをまとめて抱え上げ、起動車の脇に積み込みます。

ドラッグシュートの回収は、基本的に1人で行います。風が強い時は機体から切り離す前にAPGがドラッグシュートの端を掴み、パイロットとアイコンタクトで切り離してもらって、回収します。この時は2人での作業になります

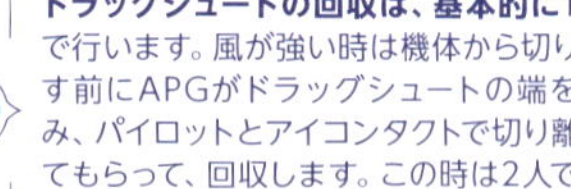

ハンガーに置かれていた、これから搭載されるドラッグシュートを嗅いでみましたが、**灯油のようなニオイ**がしました

筑波山の向こうへ夕日が沈み、ナイトフライトを前にハンガーへ戻されたファントムⅡ。RF-4Eが航行灯を灯して西の空へ飛んでいきました

JET
DANGER

7 夜からの帰還 1日が終わる

暗闇の中で明日のための整備

夕暮れの中をタクシーしてくるファントムⅡ。点検を終えたAPGに見送られ、夕日に浮かび上がる筑波山のシルエットを背景に、ナイトフライトへと離陸を開始。エンジンノズルからアフターバーナーの青白い炎を引いて、滑走路を加速していきます。

アフターバーナーとは、高温となるエンジン排気に燃料を噴射することでエンジンの出力を増加させる仕組み。燃料消費量が増大するとともに、エンジン温度も上昇してしまうため、アフターバーナーを使用できる時間は限られています。

筑波山の右肩に日が沈み滑走路に誘導灯が灯るころ、機体各部の航行灯を光らせたファントムⅡがナイトフライトへ飛び立っていきます。

ナイトフライトを終えて、赤と緑のライトを持つAPGの誘導を受けて定位置に戻ったファントムⅡ。懐中電灯を持ったAPGによる飛行後の点検が始まります。

機体各部の点検・ドラッグシュートの搭載など、日中の作業と変わることはありません。照明のない中、給油なども行われ、再び飛べる状態になるまで作業が続けられます。

ファントムⅡがタグに引かれハンガー前までやってきます。方向を入れ換え、APGに見守られながらハンガーに収まり、ファントムⅡの一日が終わります。

DANGER
INTAKE
315

F-4EJ改 ACM2007 ウィナー

Built by：ろんぐている
Twitter：@longtail314
Kit：ハセガワ 1/72

曇天舞うオジロワシ

Built by：てゐ
Twitter：@TakenMiriPura
Kit：ハセガワ 1/72 (旧キット)

F-4EJ（改）戦技競技会 2013 301SQ

Built by：栃本義貴
Twitter：@yoshi1105jp
Kit：ハセガワ 1/72

投稿者に了承を得た上で、画像の加工・トリミングしています

F-4EJ 飛行教導隊

Built by : TOSHIT
Twitter : @TOSHIT_M
Kit：ハセガワ 1/72

RF-4E

Built by : Kuranny
Twitter : @Kuranny3
Kit : ハセガワ 1/48

**航空自衛隊60周年
記念塗装機**

Built by : たかゆきはじめ
Twitter : @takayan227
Kit : フジミ 1/72

ゴールデン・イーグルス

Built by : づか
Twitter : @zuka-phantom
Kit : ハセガワ 1/48

百里のF-4

Built by : norick
Twitter : @apex1220jp
Kit : フジミ 1/72
エフトイズ 1/144
ハセガワ 1/48

昭和の雰囲気

Built by : @tramokei
Twitter : @tramokei
Kit : ハセガワ 1/48,1/72

百里のF-4

Built by : norick
Twitter : @apex1220jp
Kit : ハセガワ 1/48,1/72

ファントムの夕焼け

Built by : ショウケン
Twitter : @kn20154
Kit : ハセガワ 1/72

投稿者に了承を得た上で、画像の加工・トリミングしています

95年 306飛行隊 戦競塗装

Built by：BKR
Twitter：@nite103
Kit：プラッツ 1/144

黒豹ファイナルイヤー2008

Built by：ナカムラ
Twitter：@T_AH19
Kit：ハセガワ 1/72

各務原飛行場百周年記念塗装

Built by：ひでひで
Twitter：@feX8IH6DsqJVBgE
Kit：トミーテック 1/144

RF-4E

Built by : @prowler_90
Twitter : @prowler_90
Kit : ハセガワ 1/48

自衛隊50周年記念塗装F-4EJ改

Built by : 渡邊和男
Twitter : @-
Kit : ハセガワ 1/48

F-4EJ改 302sq 87-8407

Built by : 山わさび
Twitter : @sansaiyaro1923
Kit : ハセガワ 1/72

F-4EJ（改）戦技競技会 2013　302SQ

F-4EJ（改）戦技競技会 1998　302SQ

F-4EJ 333

Built by : 栃本義貴
Twitter : @yoshi1105jp
Kit : ハセガワ 1/72

新迷彩試験機910号機

Built by : らっこ
Twitter : @lucrakko
Kit : ハセガワ 1/72

投稿者に了承を得た上で、画像の加工・トリミングしています

JAFDS 50th Anniversary

Built by : KT
Twitter : @Akhenaten001
Kit : ハセガワ 1/48

F-4EJ改
2012百里スペシャル

Built by : Ring AK
Twitter : @RingAK1025
Kit : ハセガワ 1/72

F-4EJ改 洋上迷彩

Built by : Ring AK
Twitter : @RingAK1025
Kit : ハセガワ 1/72

"抜かずの刀で、空を守る"

Artwork by : Cirque/シルク
Twitter : @CirqueduCiel

Comment ： 伝統を受け継ぎながら日本の空を守るファントムⅡの姿をイメージしました。サンディエゴから、ファントムⅡが無事に役割を終えることを願っています。

マインクラフト再現：ファントムⅡ

Artwork by : フォックストロット
Twitter : @fox_trot_jp

マインクラフトにて白黒オジロを筆頭とする各種F-4EJ改を再現しました。頑張ったのは部隊マーク(特にオジロ)で、全てドット絵になっており、modという拡張データを用いて垂直尾翼に貼っています。普段も他の戦闘機で同じことをしていますが、思い入れが深いということもあり、納得の行く出来になりました。

302飛行隊2013戦競塗装機、パイロットさんたちのサインを添えて！

Artwork by : YAS-3
Twitter : @bbseki

2013年の302sq戦競塗装機。伝統的な正当派鮫口塗装です。
同年の航空祭でパイロットさんたちのサインをいただきました。

投稿者に了承を得た上で、画像の加工・トリミングしています

岐阜基地航空祭2018

Artwork by : たにくままん
Twitter : @zinmami18

Comment：百里の白オジロの来訪はとても嬉しかったです。特別塗装2機は二度と並ぶことはないと思い、感謝の気持ちを込めて切り絵にしました。

かえる簪

Artwork by : あやね
Twitter : @KOnsshde

コメント：第301飛行隊をモチーフに簪を製作しました。スカーフ部分と水色の蜻蛉玉はUVレジンを使用しています。蜻蛉玉にはCOME BACKの文字と、見えない角度になってしまっていますが機体も入っています。部分的だったり小さくてよく見えなくなってしまっているので、分かる人には分かるといった感じになっていれば良いなと思っています。

和装ファントム

Artwork by : Asa

灰色のボディに灰色の雲の小紋、大きなインテークに赤い半襟、大きな日の丸に大きな赤い菊、フラップ隙間の赤に赤い嘘つき袖、胴体の赤いラインに赤い帯締め

ファントムプリン

Artwork by : Asa

シャンパングラスを眺めていてひらめいたもの。中身は強いお酒にしようと思ったけれど、灰色が再現できる物が黒ゴマだったためにプリンになった。

格納庫ランチボックス

Artwork by : Asa

空上げ、タマゴチョーク、浅漬け増槽タンク、ウィンナー、アスパラガスの模擬弾、ドラッグシュートおにぎり。タンクローリーマグカップにはJP-4が入ります。

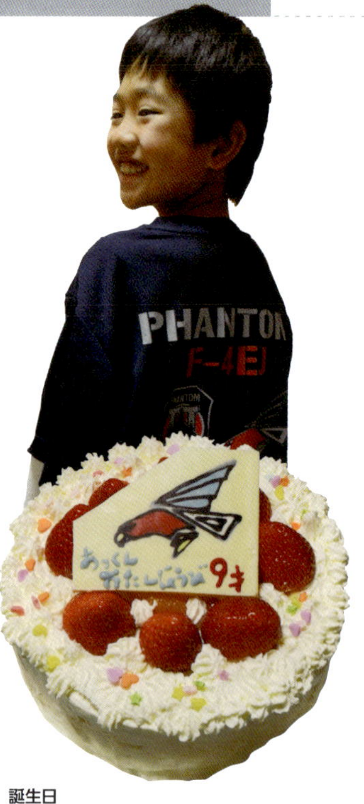

誕生日

Artwork by : ジョバンニT-8
Twitter : @thjyobanni

302飛行隊部隊移動記念式典の翌日の3月3日が誕生日だった息子。飛行機大好きで誕生日プレゼントは小牧オープンベースでオジロファントムのTシャツを選びました^ ^誕生日ケーキは302の部隊マークケーキをお母さんに作ってもらい大喜びでした。その時の写真と部隊マークケーキを応募します。

Art works on the theme of Phantom II

フライトジャケット

Artwork by : キャスタータイヤ
Twitter : @dear_mentsuyu

CWU-45Pフライトジャケットです。自衛隊正式のジャケットではありませんが、301飛行隊関連でそろえています。他にもいくつか301のパッチを保有していますが、2枚目のSHINANO CVWが気に入っております。鳴海章氏が著した原子力空母信濃に登場する信濃航空団のパッチです。同作は301飛行隊が信濃航空団として配備されているため301のカエルが空母でサーフィンしてる図案になります。

ファントムおじいちゃんとファントムたち

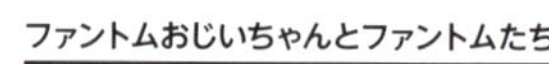

Artwork by : のんぴ
Twitter : @fightingdragon3

羊毛フェルトでファントムおじいちゃんを作りました！ふわふわなおじいちゃんとコレクションのダイキャストモデルのコラボです

Artwork by : すーさん
Twitter : @sayaka5569

好きな物を常に側に感じていたい！そんな想いでネイルしてもらいました。

F-4EJ ファントムⅡ 680号機仕様インプレッサ

Artwork by : ヲタカタ
Twitter : @M_I_Stover

F-4EJ ファントムⅡの痛車（？）に乗ってます！ 機体番号でわかると思いますが、モデルとした機体は305飛行隊の680号機（T-4じゃない方）です。空中分解した方です・・・背中のだんだｒ・・・ボンネットのだんだらダテじゃない！

投稿者に了承を得た上で、画像の加工・トリミングしています

We Love PhantomⅡ

@__ZEON__
@_15MRs
@_7748802201001
@_a_ma_n_da_
@_aer
@_AH_64_Apache
@_CARNIVAL1999_
@_konekonekoneko
@_msk45
@_negi_tama_bouz
@_RYZEN__
@_shibacky_
@_spica306_
@_Sundowners
@0102Kimura
@014fm
@0207_2660
@0306247ka
@0601Airbase
@0605Jag
@066596358
@0725_c
@0801lt
@0826puyonosuke
@0bbffeb1b6d6438
@0emrhMEMGowfyww
@0jj38v1r04m5t1a
@0xb38w1b0065x8x
@103keitoyoda
@104073snow
@1093_mini_Mk3
@10yuumi07
@111g0
@1128Renault4
@1182218
@1201_9989
@125a_u
@12ka1294ma219
@1303Yutto
@1306e11
@130w_AUC
@145Dre
@168110
@170922819681223
@1745accafb5d483
@178gucciy
@1992o0903
@1DH4EM8m6qKm0vd
@1z0TYqMh7KM2JEf
@2018TUBAME_J7W1
@2351398f9f644cf
@23tama
@2411Yukisan
@27GILLES
@2874works
@293f87ccd258415
@2X4vmMdFnPNgk3H
@2zVfn
@301Dolphin
@301sq_phantom2
@302sq
@302sq_Ojiro
@305sqRh
@305Wata
@30ceadcbda5b46e
@312_FACTORY
@312312312312T
@31Maipuru
@358976962s
@35Er34
@381ckm
@3hL3rZRhJNysknZ
@3Q2ARoSkSgX4XrO
@3smoke
@3t9Dolphin
@3to4aji
@402sq403sq
@4649Home
@47_6901
@4cornerMMD
@4kip
@501SQRF4
@511dgiriasad
@52gensan
@5660028800
@586120_ROKUICHI
@5Q7PVOQcsY5zytZ
@5u_u2703
@5XxdIRlI6lDNjnf
@602ShuQ
@60cobcob
@634rjty23
@6520Mori86
@666Rosso
@680foolish
@680jun
@680phantom
@6813_hibari
@6ck27
@6SCyMkNcC6uD947
@6semM0cOw1mb772
@718chittan
@723mylove
@747Main_RJTT
@747menchikatsu
@777_VAB
@7029Irhcn5mk8g7
@783250kai
@7890iiyok
@7gQ6pugp8PuOMSL
@7lyg2JZrXxsb9A9
@7NTGPI
@7usCc1u0k
@8_whe
@8492kodatomo
@8501F2a
@86zakky
@88Kunihashi
@8rT8yGIMCbfpuMK
@8WANI5MFm2rNf4A
@90MBT
@91B8hiV1plcdt3S
@92_sora_8098
@96_3718
@99_rent
@9fTs7jA28Zd3bpJ
@9M_MND
@9Wva2QLQp5d6nEE
@a_340
@A_Ackyo_MMD
@A_YouG
@A350900_78710_A
@a4k4i4r5a
@A6M2b_ZERO_ZEKE
@aa__ysk
@AaFelix556mm
@AB50118
@abchlangley1
@Aby_D500
@ACEZONO1
@acm_f2
@acorn7
@acubensht
@AD1229IK0505
@AdaptiveSystem
@ADM1RAL_56
@admiral_penguin
@AdmiralAkagi_
@admiralFegelein
@admiralkujiraza
@admlral_tono
@ADO15Namako9T
@ae01152751
@AEGIS51
@aerospacearchiv
@af6746
@AGGRESSOR_KPMS
@aggressor072
@ah8hRzswIPAHWDW
@aHpwuTzcbUhAOHi
@ai10901
@Ai2030646
@aichijsdf
@AIK_NA1
@ainmitsu0524
@ainoshima
@air_B787like
@air_spirits
@AIR0430
@air0626J
@airband8
@airdaikimil
@AIRLINE_KT233
@AKA88159216
@akaho1421
@akashiyamana
@akemi127
@Akhenaten001
@akiba_topgun
@akichan613
@akira_raptor01
@akira5d3
@akiramtbse
@akitobay
@akitoRFX8
@AKIZUKI115116
@akkun_cl7
@AKM_7D
@akubi_buhi
@akubicyandesu
@akumu1332
@al_aladdin
@albatros1003
@alfa156drive
@alice_herb
@Alicemyth
@Alpha_Leonis1
@alpine_a210
@alpscrew
@amahibimio
@amanesuzuha2011
@AmanoKn
@ame_cha_kureee
@amigo6024
@amikoma0101
@amones1978
@ana787rin_737
@anaBOING747400
@anebunn
@anjun2015
@aNm7uMfxnZC3IbF
@Anna_1126
@another_ma
@antinotice1108
@ANYTIME_BABY
@ao150205
@aopatirx_8
@aozora_tweet
@aozora117117
@apollo01flt
@araaraiguma
@arcadia_san
@ardbeg21
@area_kilo
@aro0202_ct9a
@As365N
@Asa_lamanderz
@Asahi_DD119
@AsaTsuki03F4
@Asher_Fallout
@AssassincreedK
@assy_ashizawa_V
@asunarokiknsya
@asuri0728
@ATC_airport
@athunzyar7
@Ati3jp1rrnhSh0J
@atsugi_sankichi
@atsushi_tracer
@ATTESA_5
@atx_silkworm
@augearsculs
@AURA1118
@av98innguramu
@Axis_Noct_Q
@Aya_0081500
@aya_flemuria
@aya01flt
@ayoshida_z
@AYouG5
@Ayrton_Celica
@ayupen_32
@AYuusukeevox
@Ayuzak17
@azarashiloveM82
@AZUMA01090826
@b_15sh
@B_F_M1A2
@B74n9hbOzXunYH9
@b777300erhnd
@b8MmD4dOi68Tv2g
@b9fwUfU1J97yT8w
@babi_bis
@bacteria430
@badman382
@banana_penco
@bandainokairai1
@Barisee_frt
@BasedKatsu
@battletank2010
@baw10par
@BbHowk
@BBKtakepon
@bbseki
@BBY01_AGRS
@bebopdesu
@benihi_taiyou
@bEOvdJxzV1PgYNp
@berumofu
@Bfhcec119
@bgvillea
@bi_4__1001
@big_cat222
@BigR_toiletTOTO
@Bigrive134SNKZ
@BigX39309668
@bikakingirl
@bjalove
@black33313
@blackbass1994
@BlackKnight154
@blade_falcon
@BlancRenard_
@blue_angels02
@blue_no7
@blue1115
@blue11sq
@blue2239
@blue3636
@blueblue747
@BlueCat_5
@bluedol05019938
@bluegg3p
@blueimpulse_05
@blueimpulse6
@blueimpulseblu1
@BlueImpulseFan
@blueleader007
@bluesky_0419
@blueskystailwin
@blueteriyakiboy
@bluewing11_306
@bmqbn742
@BMV55jhy3BEtRfT
@BNew510
@Bo7oki21jp_TECH
@boatbeat
@BOO773
@bookstore37115
@BorealisSuomi
@bowz194
@bread_and_tea
@BSaiwn
@bsc_h
@bsq2lH6s5FlWVh6
@bubu7710
@bukkororiFaust
@bunsen1814
@BureizuMH
@busuka1958
@bv352836
@c06013
@c1c2c130
@C228651223
@C2d4xQe97WaM7s5
@C2reU
@c622gakushu
@CABIN_SPIRIT
@caerus_tox2525x
@CAMEL758
@CAMERALENGO
@captaineo0209
@CarleitonS
@carpediem_ptau
@casy00001
@catimpulse
@catshit01
@Cb400Takuya
@ccsmfzeke
@CCvw5
@Cedbyark
@ch47_401402
@chacha73199
@chachamaru_blue
@challenge_fd
@champ_Nikon
@chape_co7
@ChappyRyotaro
@charlesau218
@Charlie__ba
@Checksix18
@chibiaoi0524
@chickenman_jp
@ChikanariS
@chikichiki31y
@chimi_neko1
@chin_1stLT
@chinoken
@chipima
@choco40990864
@chubu_goma
@chuo201shonan
@cieroazul730
@cirnolancer
@CirqueduCiel
@Citronrt1600
@cliodora9516
@CMaytwin
@cobi_cobigelow
@CodeE67064339
@cohonori
@Commander_LEM
@ComRyuitsuki
@conceptrider
@conigli19170105
@corkscrew411
@cpw6FKgbayH1ZZP
@croissant073_Nd
@CS49518121
@cumulosirrus
@CvSDYjYA5zJMoJO
@CW25570
@CY279872ac74n8
@Cygnus__747
@Cygnus201101
@CYGNUS7_7
@cygnus855
@cygnususer
@Cypher_sayuki
@czule
@d_t_a_k
@d06UzimNQle9d5J
@D20pC14LuBuL4D2
@D3vnBEhkltxRnLL
@D60045833
@dac5b5d90f994c1
@Dacquoise_Plane
@daddy_of_gifu
@dahsiu5
@Dai8674
@daichi4223
@daigo0601
@daikichimaru6
@daikkn
@daikonn_NAVY
@daisuke52719
@DaR_cobalt
@dark_sky_31
@DArucard
@daruntyan
@datsun12oo
@dchi0106
@DD_Hatsushimo
@dd110takanami
@ddenbiy
@DdLNZkhpwcT05ej
@DdxxoupPILlLyqC
@decadece
@Deckay_F
@DEEC_F15
@deidei231
@deku_nobou_
@deltaddh
@demodori6
@Denno_Zwei
@DENWOOD3
@Destroyer_118
@desuuuuuuu
@DgNKxjr2sbd8SHt
@Din590
@Dino_ferrari246
@diogenites
@disk_yoshiyoshi
@dj_iza
@Dj6pqryNErrlilg
@DMPAO1
@DMWOWOW
@doanobu1158
@dobochite_tom
@DOIQ1004
@dolphin_7251
@dorunie10
@dot2002
@dou_demo_1368
@DQ5LQbqoyywYRka
@dreamflight1200
@Dreamliner802
@DS_airsoft0817
@dsimil
@DunoisTks13
@dYGeVYY49xclKDP
@dzm95321
@DzsQ84D9uUjz7lQ
@e_tyan177
@E082WAumai
@e25serai
@E2SCeLFFDQLD4Fx
@eagle_8823
@eagle_sq
@EAGLE962
@EagleDriver8
@eagleemmet
@EagleF151018
@eaglefighter3
@eaglekeeper001
@eagleplus928
@eagles_306
@Eagles_EFR
@eaglestriker
@ebi1989
@ebikiti_shrimp
@ebishiro50
@eco_power_prius
@eCRZyFhAu6z9RC9
@Ecucy_MAG
@eCxIgvhloBVcT1C
@edamame_tomo
@editor_H_358
@eERb5fLk1vwvxNl
@EF66105
@ef66dd51
@EguHibari
@eie_vsr10
@eijhi3
@eimatsuo1999
@einomaru_rw05
@ejdk1002
@ekota1
@elbo103
@elf0110_elf01
@EN13849997
@EnjoyhappyJina
@EnjoyLeader
@eno1062097
@enol305
@ENR34love2
@ENZOandLEON
@EOSPhoto_Yoshi
@ERDBT_battery
@eringi_0806
@Erlanderchang
@espancho302
@EtO8y
@etoh26
@etumi
@euglena1468
@euphori21404206
@EuropeanKazuya
@EVA_YELLOW13
@evogon26
@ex_zoriy
@exasy_com
@exiga3452
@Exit1975
@EXXfa7R1NAu0W4e
@F_4EJ_F_15DJ
@F0033ktyru
@f104eikou
@f14_mt31gr17
@f15djkai
@F15GIFU
@f15happy
@F15J_Lightning1
@F15J304SQ
@F18F
@f2_apollo
@f2173
@f22_aces2
@F22Raptor0921
@F2A69038401
@f2abviperzero31
@F3zGu
@f4_Phantom
@F4Ouw
@f4phantomejkai
@f7a0oVg5i3PajU5
@Fa35Ju
@FAN__no__HITORI
@fantomu1023
@Farger_190
@farvel
@FAT_ALBERT_J
@FBevo_JP
@fbyezw35
@fd2heppoko
@fDxZWxZD2cVuWrg
@feelme8686
@FelisCatusJpn
@FernToon_Sieera
@ferpinkboo
@feru117
@feX8lH6DsqJVBgE
@FgZUHO
@Fhiro2aka
@Field4869
@fieldimc
@fighterjetsjp
@fightingdragon3
@Fjg15_Brz
@FKEvOxmxDqRLuRo
@fl_pepsiman
@fl95416main
@Flanker_2
@flanker0720
@FlexaTz
@fly_away_takkun
@Fly_Together_4u
@fly139jet
@fmosolno01803
@followme0420
@fop8x
@fox_trot_jp
@foxbase_beta
@foxbat4000
@Friends_RFS
@froggyakko
@Frontier51
@fry_sat_sun
@FSKrieger22
@fsx_temjinrider
@fuelJP4
@FUJI_Hayabusa66
@fukuchan0102
@Fukumochi_119R
@fumickey0018
@Furank84
@FURU118and175
@fusafusamaster
@futo_mayuge_man
@fuukufukuro
@fwhw6864
@fyua819
@g2zZ
@G45941470
@Gabuniku
@gaigai228
@Galm02230097
@gamblers21
@ganadodeleche2
@ganbarnakyaaa
@ganfurikumama1
@ganota_01
@gao_type74
@gaoyedoufu_184
@Garm2_kappa247
@GARUDAF15
@gawar_000
@GazouMan
@GBstmy1
@GbyxQhqTLJArPNx
@Gc8Vr4
@gChEMmsT5x8Pyhi
@gdqsm5951
@Geist0013
@Genbu_Tuki
@genchannsr
@gennyama
@georgian_jsb
@ghostawacs2
@Gifu119V3
@Giulia_2569
@gjvvSPOdLYEBPGu
@GK_KWT_FKYM29
@gogojetkumasan
@goldman4750
@gomanyan0812
@gon_mika
@gori_pochi
@gorigorigonta
@goro7777721
@gossun19880626
@gowajpsdf
@gpzviper01
@gravel_lover
@gray_F15J
@GrayFox89j
@GreatPoppo
@greesumika
@gripen305
@GRS214_AEZRH
@grx_24k
@GSA_uh60j
@gtffkun
@gu_svg
@guchi_SJG
@guiujhf
@gunnyheartman
@GuP_GERMANTANK
@GWHYEn5qm7Evhfp
@gwpwetjwa
@gyakuejji
@gymkhana_rafale
@gyotaku4
@gYTL8IO870GBO0o
@h_conqueror
@h_kobaMk2
@H_N_1135
@h09A7A4l2atbG8c
@h55liPwx9kXppyJ
@hadaken533
@Hagetaka_1
@hajime48345509
@HAKUTAKAP
@HAKUTITEITOKU
@hamaguriking
@hamazk
@hamu_4207
@han_myou
@hana3132
@Hanna_tan1
@happy215maki
@happymomonloves
@HaraShin_kaga
@HareRainbow
@Harken29496205
@haru_hiro_se
@harutokunpapa
@hasee23
@hashimoto914
@hashitakaha
@HASSY_JSDF
@hatta1323
@hauhauhauru
@hawaiikitai
@hawaiinomimi
@hayate_ki84
@HazukiMike
@HCmCOXFEldhgiiD
@hdkterui
@he219a0
@HEADDANCER3
@heiheiwarawara
@helisuki
@henachokocamera
@hi_ya_ya_kko
@Hicapalove
@hideaki_tomo
@hidemura_2009
@higasimegane
@highway306
@highwaystar317
@hihumi_block2
@hikarumo
@hikarun1522
@hikone_ren
@himana25
@HimawariGoro
@hinatahayat
@HinoarasiChain
@hir070321ka
@Hiro_Kappa
@hiro_noppo_
@hiro333n
@hirobrb
@hirofit10
@hirohirocoffee
@hiroii3943
@hiromasa0414
@HIROMI48302163
@Hiroron66802104
@hirox8504
@hiroyuki_tsu
@HitoMi300306
@hkr05291
@hokussya
@honda_dohc_vtec
@honen1954
@Hongobase
@hornetchira
@horothewolf
@hosnon211
@Hosokawa_Tamon
@hotstx
@hre1480
@hrk0_30
@hrzhs
@HU2RBhmlihbHQKU
@human15688980
@humun_
@hunehune333

@hungriibirds
@hunyahunya_502
@hwnhwnhwn
@hyakurirunway03
@hydtoshiki2
@hyouchan070209
@hyouhyoutaka3
@hyuga_mt_419
@Hyy8X22AXZNJko4
@i_ten
@i12106338
@iairom
@IamBeeKeeper301
@ibafullnakano
@ibukiwama
@iceman__7x
@ichiro180
@idaitoshi
@idn_frn
@IF_KANE
@IF0430STARWARS
@ifeelin7
@ifoujita
@igana2199
@IGAPLECO
@IGoMediumtank
@ih1681
@Ihappy_IH
@ik_photograph
@IKE30704708
@ikehiroko3
@illustrious2017
@imachang27
@Imassan2
@imotintintin1
@IMP69MUSASHI1
@inaggg
@inari_h_hikousi
@inazuma_6_
@indig0live
@INDTKF
@Infinity_Neto
@inocchi_itasya
@Insomnia708
@inunekowanwann
@inupolice2049
@io7M_2
@IoUUnOQZP
@IsaoTamaru
@Iserlohn_Fort
@isshi144
@ISSYRIDER
@IT_is_ABRAMS
@ITEM87177
@iu_k4f
@ivyeternity
@Iwai2405
@iwayun18
@izayoi1207
@izayoikongou
@izmoDDH183
@izu_cpnf4
@J_HTD
@j_mugen
@J2xoouCQYiL0LD8
@j7_phantom
@j79_ihi_17
@J82fa1d0qJyPyU1
@j9raiden
@j9zdQ5RjmqensjA
@JA119X_seven
@JA27MJ
@ja3550_IF
@JA415HM
@JA617ARJOO
@JA8094
@JACKALKOTORI
@JagdKanone_Zwei
@jagdtaiga1129
@JAM_RJNKwings
@jamtgp46
@JAPANEAGLE
@jasdf_0211
@jasdf_blue_
@JASDF_fatboy
@jasdf_UMI
@jasdfphoto
@Jasnieres_DnD
@jboy1229
@JC6X4q4VgRYAwgF
@JE6SDW
@jeep2400_mrkn11
@JgLOMCceAFwlqnZ
@JGSDF__love
@JH1WAY
@jinden1209
@JMSDF_0121
@JNatcj
@jnjmKmjmpMjgTuw
@Johnmor83061396
@JoYnEt4ZgHRW28E
@jp7emu
@JpnSyun
@JR7LOS
@jr7uxb
@JS3x7XimsXKHPSD
@JS5I5D8Ep5KYhSp
@JSDF_YM3
@jsdf0721
@Juk6WWK8Ev8Olvh
@jun93055116
@junkie_mc
@jupiter15658409
@jurgen_info
@Jurgenh41
@justjasdf
@jUu02qbZCJDBhQZ
@jvermeer74
@jxASpTMwx6JEUZc
@Jyun89R
@jyusensya
@k__bodorrrrrn
@k_inoue1969
@k_track
@k12_konburu
@K5Gxn
@K7OzTPMqiMZj61A
@KA33370
@Ka5191162054
@kaachan_kick
@kaeru_hrd
@kagamin64
@KagaSuzuyaLove
@kai_photo_21
@kai21629430
@kaicho_6202
@kaikatou
@kaito_Ng46
@kame9gou
@kamesakanin
@kamikirimushi_
@kamui8024
@kan8tai
@kana_kana1980
@kanae_amy
@kanana913
@kanasimi_nippon
@kanba4
@Kanekophoto
@kangaku
@Kanikama_IA
@kankun10306
@kanon75009
@kanumi1103
@kaoatom
@KARAKURI_BAAB
@Karasunonureha
@Kashisu1530
@KATHU0808
@Kathuragi_
@Kathuragi1207
@KattyanWWWW
@kawarakou14
@kawasemi_exe
@kawasemiinoarai
@Kaya_Yui
@KAZ90501217
@kazahanarokka
@kazamiNA
@kazekaeshi
@kazu_0063
@kazu31386031
@kazuaki_0222
@kazuakipapa19
@kazuDRIFT
@kazuki_ts050
@kazuoka1
@kazusmd1968
@Kazuyaman1116
@kazzyy1968
@kc_ygbsm
@KC767X2F15
@kCsT3Ti8MSmVVWz
@kdf1uAXczcwqEVK
@kdheiwo1
@ke17n17ta
@kei_fragments
@kei_s600128
@KEI843
@keiseionigirgi
@KEISEN1103
@keispike
@keitoy_0301
@ken_in_ms06s
@ken_mizushima
@ken2_7635
@ken2moku2
@ken4_BlueSkyJet
@ken4971999
@kenchan187
@kenken__0715
@kenkereken11
@kenna99370198
@kentan_mechanic
@kentarou_f15
@kenzo3_MCZ
@kerokero06311
@keroyonn_301
@ketosen209_500
@keyo507_m4a1
@kh840124
@khaidenn
@ki_ta_yu_11
@ki84
@kieyza
@Kiitos__kiitos
@kikutomo1
@kikuyabomb
@kimagasenohaha
@kimokimo_1713
@kinkou1997
@kinchanrjgg
@kingnoppo2
@kinkin777777
@kinoko144s
@Kiso_el20809
@Kita_RJGG
@kitaichi_e5
@kitakami_mk2
@kitune74
@kiyo7741
@kiyoigu
@kjtthilo
@Kkaoru0820
@kmatsu89942038
@kmkaza
@kn20154
@knight306sq
@knights7190
@knsubaru
@knymshnj
@ko_yu0208
@Kob1221
@kobayashi_244f
@kochan_tk
@koda_mayu
@kogimoni1002
@koguma_305
@Koh_CHIBA26
@kohaatu
@kohaku554121
@KohuyuPengin
@koihanda
@Koike_417
@koikoicarplove
@koji_orz
@kojik12
@kojimochi
@Kokage7
@kokeeeeeee
@kokifuji0306
@kokoronotomoTFS
@kokun019D
@KomakiKoshigaya
@komeda2_619
@komochitaraba
@Kon_3510
@kon020070
@konbukonbusan
@konfure72
@koni_ch47ja
@konk102
@konof2
@Konoha0210
@KOnsshde
@korokoroko4
@kororo14dove63
@KosuKeHinaTewi
@kotaneko85
@kotetsu24
@kotokotobeans
@kou_s48
@kou10onpu
@kou11222
@Kou390DX
@koubouf04
@Koufukuliner716
@Kouki_dona
@Koukufune
@koukun_T1j8n
@koyatw
@Koz_therefore
@Kozoiiiiiz
@ks0540168
@ksrz104CH47JA
@KTaka79
@ktm__star
@kuccyan
@kuhko3
@KUma70279876
@kumanomi33
@Kumo_no_uzu
@kumu0810
@Kun_Supertomcat
@kunichan_925
@Kuralin222
@kuramasamune_R
@Kuranny3
@kureha092
@kurenai_kuma
@kuro15758
@kuroaru150
@Kuroirousagi
@KuroMasa_99
@kuron0730
@kuronohaha
@kuroumasan213
@kuru_pon_yobi
@KVj9naf
@KYmodelers
@kyonko55
@kyoryukun7
@l00namhey
@lagom0103
@Lakenheath_f15e
@lambnee
@lapisblue1967
@laskuil
@Laugingman
@lazuline_blue
@LC90WR
@LCW_mofu
@LeavingZone
@LEINA0422
@leokano9c
@Leonis_201
@leslee_S
@leviathan6467
@levo2735
@Liftmaster_T3
@Limabravo849286
@LiUHBF8NyhKcKnf
@LM_314_V21
@Loiseau_jaune
@LONDOBELL_0090
@longtail314
@lotus35129762
@loureearmy
@love_letter321
@love_tahoe
@lovejapanbasket
@lovejazzandrock
@lovelive256087
@LOVERYMOONDOG01
@Low_IQ_02
@LRAAAAAAAD
@Lucky_Nesher
@lucrakko
@luka_vivianne
@Luna373
@lusty_11
@lxkaziki_bp5xl
@Lynn323F
@m_i_c_a_c_o2
@M_I_Stover
@m_m_mikarin526
@m_photograph_
@m1030m1
@m12170603k
@m1a2i1b2o
@m2y610
@M61A1_fox3
@m7pro
@ma_kun0211
@ma_sa_ma_sa0
@ma2yos1nP
@maakunn2
@machami731
@Machinicle
@MachiyaF4
@machiyaX
@machshiden
@madai_Pats
@madras19900417
@MADTaka
@MAEYUU66255603
@magus490
@mahhie787
@mahina727
@mai_world1995
@maiakko
@makiku
@mame34
@mamodaidai1
@mana925v
@manao_ulu_wale
@manbousiriusu
@marcy5754
@mariada03703215
@mark_alex246
@Mark036716um
@maromaro6803
@mars_9485
@maruse1
@maruseizin
@marusinisuto
@MarverickYF
@mas_nori_
@masa_aoimp
@masan0055
@masasi230
@masayumi5
@mashion_330
@masososo129
@Mastersigure
@masumasu_RX8
@masuo_history
@masuwo1
@Matilda101030
@matsu_tomo73
@matsu20_1101
@mattarimono
@mattariyaR
@mattia_5_9
@matu_mokemoke
@matutake_nyoki
@Matz_matsuyama
@maugotuya88
@Maxtoki310
@maz787b
@mazda_n1
@mc_ichiryou
@mccomeup
@MChikka3663
@mcysneedleworks
@mcz0828sti
@mdch_max
@me_meta_taka_ka
@medeutsche
@Megazarak
@megumilkgyu_nyu
@meirinrei
@mentaikokireko
@mfuru8n
@mgs_5501
@mh81b_dm44b
@MI_aNGstrom
@mi11zu27e
@miaplacidus16
@Micahchung
@michietu
@michiko6228
@mighty0715
@migkiller09
@migratoryman
@mili11_s2
@mikamigpx750r
@miki3pink
@mikibooo0613
@mikim201
@Miko79707119
@mikulinam5
@Military_Tama
@Mimu_Mimu_0211
@min_ka
@minaduki_KTA
@Minasi12269029
@minelayer6
@mines2001
@minomino0055
@miorikopapa
@misaki_suckit
@misakiti
@misawalavef35
@Missouri2nd
@MisuzuFk152
@MITK235
@mitsuhide_aketi
@mitsuki73920730
@Mitti_Maya_
@miwagoh
@miya1380kei
@miyazaki343_301
@MiyazonoYousuke
@miz_nagase
@mizuiro424
@mizukun0719
@mjagrep15
@mjrsc60
@mk1975162399
@MkY731
@mo_ri_ma_ma
@mobileland
@MOD___1
@modelingJASDF
@ModelismUA
@models_miyakawa
@mogri_80
@mogurawing
@mojamojamojaman
@mojyamonji
@Mokuhyou2kg
@momiji_mod
@momo_15203
@momo_abiru
@monaka6996
@monkitty551
@monmonmon552
@Monschan697
@monyatter
@morikuma_chanyo
@moririn_2027
@Mosballstatas
@motaichi
@mothhito0423
@moto1021
@motomu_f2
@mpaest
@MrBJ05821581
@mu305tfs
@mugenworller
@mugi_FIS
@muharremkayseri
@mukyu_ea11r
@Mumbo_Ghost
@muro_ta
@MusicOrchestra
@MustangGT289
@mycr7dVkt1KzPH0
@mYYiCcmFcBwjm2l
@N0I5gSOMXUOUQ1M
@n10k33
@N12377129724
@N1998T
@N700Masa
@n7100sgt
@na__________co
@na_na_0729_
@naasaaan
@nabazzt231
@nabe_sin
@naganegi927
@NAGATO79940970j
@nagatolove7
@nagisaism
@naho_kitty
@nahokomsealove
@naito0514
@naka_niconama
@naka180sx88
@nakagumi0825
@nakaso96spec
@nakatai_minbu
@nakonakokaz21
@nam2_2355
@name999286kuro
@nanachanFC3S
@nanai_nico
@nanban_torai
@nanbu2252
@NANGA2110
@nanoha03066
@nao41407926
@naoaz1
@naoki_adtw
@naoki_o_0557
@naoki604
@naokiworks366
@naokiyo0725
@Napusta_zn6
@NaSB5jUMldPbC6Q
@nasshi_ej
@nasuogura
@nawotaku
@nazonochappy
@nbkymmt
@nearo_sin
@neco_222
@negitamaCset
@NEKED720KH
@nekohara21s
@nekoinupandasan
@nekomatsu67
@nekomodokis
@nekonekogogo55
@nekonoumifuzin
@nekorin_usarin
@nemesiscross
@nengajyouaki
@NErLjY2QUaeUcSF
@neucom_inc
@NgoNkm
@NGORJGGBASE
@ngtynr
@nibuya_sasuke
@nick_chang
@nico_cocoa
@NIIZUKI121
@NikoNikonD5
@nin_1saku
@Ninja400LE2015
@ninjamakarov2s1
@nishi_oi
@Nishigasakigumi
@nishimasakatsu
@NISSHO_Nosuke
@nissynissssy
@nite103
@nitogunso
@niutian992
@niwatori2nd
@NJM4580
@nm_uw_nm
@NMGHoko4b4VSn2B
@nn_airplane
@nNabdvPGLHXdFJN
@NnVACfK0EZMWt5s
@nob361
@nobu_21
@noemofu
@noirfleuve
@nomalblue
@nomomonomomo
@non_wa2000
@Noob_souryu
@noratanukisan
@Norickapex1220
@norimaki_A340
@norinori_1977
@norio44
@NoruaAmagi
@notchi1111
@npadanpao
@NRT0324
@nsr28n15
@nt_niina
@nt7000kpc
@nukkey0123
@nullponcooper
@numa227red_wing
@NumTXulL6mYBYS8
@Nx31eLWk6lVyw4N
@nyackier
@nyanchii2
@nyumyutwo
@O9eglipY9LAJMhh
@obkAnETc7KwDhnO
@oCGkJvhPtz4GmbW
@ochan7o
@ODK_252brz
@odyssey8296
@officem_model
@OG10428324
@ogattyo1
@ohiyaphotograph
@oikawa0301
@Ojacoina
@ojiro_washi
@Ojiro128
@ojirowashi17
@Okame_Kaigun
@Okamotoruekoo1
@OKB84m
@okiteaqua
@okonomi_ponchan
@okotani
@oku_shin
@Old_Soldier01
@oLt4DY4hx5lKdAg
@OMEGAeleventh
@omitamayogurt
@omizu_ashihara
@onakaippainiku
@One_Man0902
@oni_2929
@onieyan
@onigiri_Gripen
@ookubo674
@oQq4Tjw919HY1tb
@oQSLGmgJesNDrRL
@OR5QaAfqrVq5nDf
@orange_plnt
@ordinaryplant
@oryoji
@OsakanaTurini55
@OseaAftf
@osk_starg
@OsushiThrowing
@osyou_delta_1
@ot1209
@OTCHIN1
@otembapan
@otokohone12
@oVylqy7z21iX4Su
@oyJyBSHz2S7YN4H
@oyuki_n
@P5Tt6TOfTm3hKMv
@PandaPublishing
@panzer_Jaeger
@papa0718
@papabarasan
@payapaya128
@pchan1322
@pcmoR01UYx8agra
@peach96035313
@pee121313223
@peee0218
@penguin1012ay
@pensuke0708
@pershing_074G
@pervis72572933
@petit_chopper
@PGtlP0slVnHWWB5
@Phantom_8492
@phantom_ita29
@phantom_jpn
@phantom_k_s
@phantom_tenana
@phantom2navy
@phantom301302
@phantom301tfs
@phantom302nd
@phantom3068440
@PHANTOM347
@PHANTOMII_302SQ
@PhantomII81
@Photo_K2maru
@photo_takai
@photo_yanagi
@photo35nana1
@Pichitoma_togis
@picot123
@piitan2_mokotan
@pinobu121
@pisutorukumasan
@piz316627
@pjdlpvxVMIN2shv
@PlatinumStar77
@player_4797
@pmgtanaka
@Pmp2544
@PokonPokonta
@polar_bear104
@poncirusradiata
@ponkotu_Alfa
@ponponp123
@ponta_kun2
@ponta747
@popypopy3002
@postsubaru
@PRcoopyF2Y7Txrt
@priekubo729
@pro_drive_2008
@Prop_Four
@prot_xx_ds
@Prowler_90
@prowlerzeroone
@psd_hayate
@psrpGix58D
@psygost
@psykick0525
@pUetfpljHyJnGJ5
@punyojin
@puremalt2010
@Pz_kpfw_0813
@pzkw6e
@qgHv8psuyQAvgbF
@QKzQpHOmE6Y
@qnWiXHm9FlqRYbc
@QtJ5I0jPdv77NCJ
@quiz001
@qumy6
@qx3LcnoXIl5mZA7
@Qzen1240
@r_kitakaze
@r_m_no_papa
@r3Hr4Ye9IG0WO4x
@R52gD86hN69
@r6xzk
@R73922424
@rabittutai
@rafale61
@rafirafit
@railwasher
@Raityomokei
@RAKUINKYOSITAI
@rampo2th
@RandolphCarter
@Raptor01s1
@raptor8323
@RathaKen
@Razgriz_pixy
@RDJ_daisuki
@Redding3985Q
@redondita6
@REDSOU2015
@Rei_15j
@reink13
@reitonjojo
@ReiyaRx787
@ren0113a1
@ren21705
@renamama13
@renzara2002
@reojopapa

@resyu70411
@RF4sk
@rgv_gamma
@rhyme_0203
@rhythmix_09_08
@ri9eagle
@rider94003693
@rie_tokyo
@rikuji749010
@rikusoukun2
@RIM_AIRSOFT
@rinacchi1311
@rinansx
@RingAK1025
@ringkun_ACE7
@rirakiti
@RIRIKA19691969
@rittosugar
@rjaa_747
@RJST_doublename
@RJTA_Kermit
@Rk97468557
@rn_vab28
@rnhaignooygaobi
@RNsb1sj
@RntTng
@roadrace74
@Rock_Mi_35_Mk3
@Rock110_155541
@Rockhopper_Jr
@RogerKemp
@ROi3h6
@Rokumaru05111
@ron_wiz
@Rootthefox
@rugby343
@Rui1403
@rumrum17
@run474
@rung333
@RUNWAY_FUN
@ruruie_gg
@rustynasty
@RwLOsW1F1xCAHsv
@rwmirror
@RWY01_RWY19
@rwy28_windcalm
@rx7fdino
@RXRoy
@ryo106896
@ryo7wing
@Ryu_blaze
@ryuchan0804ej
@ryuseinoyoru
@ryuya030130
@s__n0w
@s_kitaho3106
@s_yuta1988
@S03051104
@S12Y16S
@s2000typerr2
@s202_240t
@s2o0c1o6m
@sabosabo170
@Sakaman_okan
@SakasanT1207
@saku_momizi
@sakura0may28
@sakura55biyori
@sakuratobara39
@sakuza5300
@saluraja500i
@sam9150
@sameshima0516z
@SamHui1974
@sammy27803
@Sandie_Rooke
@sanko_line
@sansaiyaro1923
@sarakujou
@SatoHanako0625
@satokosoh
@Satorinnn
@satoru0606
@satoshi53688218
@satoshini
@satoyan199939
@satukikaini
@savan4813
@sawa_gani
@SAWA5899
@sayaka5569
@SAYAMACYA_BBA
@schauessen_JADF
@schneien
@Scottish_Jiro
@SdkQ037h1rnaSj4
@SDLegls_SENDAI
@se_yassuuu
@SecretBaAREA884
@seibu2000serie1
@seiren214
@Seiya_onsen
@selegaking
@serval401
@sfgpjsdf312
@sfj05
@SGSWRLExp01STI
@Sgt_Psyduck
@SGZSLAVESYK
@shang407
@sharmk2
@ShatteredSky225
@SHB_Archaeo
@shidenkai301
@ShieraSSgt
@SHIFTMISS
@shigecebu
@shiitakemeshika
@shijyukara7597
@shimayuuichi
@Shin_CRZ_MILAN
@Shin_TEC
@shinanohida
@Shinkansen_e5
@Shinkigensha
@shintch
@shion4455
@shirai_h
@shiranui_asia1
@Shiranui_DD120
@shiwasato
@shizuusagi29
@shizuusagiboo
@Sho04868613
@sho20010626
@SHOEI1401
@shoko0118i
@Shoma09170917
@shonan787
@SHOTA210729
@shotgunshoot
@shrike01
@shu_NNS
@shudaiou
@shun_clplayer
@shuntsu_golfer
@shunx_2
@shuya0214
@shyunnoyasai
@sig_sig552
@sigunasu01
@sigure0718
@silentcoremp5sd
@silicaSi
@silverscat_3
@sinjiyokoi
@sioind
@siranuinigata
@sirase0302
@Sirosaki_Nanoha
@SiryokuTeika11
@sisimomo2011
@sjGxo34rEjnjin9
@SJIAbxSHO5aMZqd
@sk7stfl61
@skull_0001
@skull_f1_f2
@sky7239_tr
@sky8863
@skyclear0127
@SkyGoods4
@skyrjst
@SKYWay11479965
@SLYLY8194
@Sm24Kid
@smallback510
@smatu2016
@SMKT_NAVY114514
@SniperTacit
@snowliner11
@snowman_1974
@snxGlsQo36jewdk
@soarer1595
@Soba_desky
@Soleil_0601
@solexae86
@sonden01
@sonicbird7
@sora_Haru_Noji
@sora1sky
@soraikousuke
@soran_keita
@soranokumo_
@sougo________RT
@Souya_Skyarrow
@sovietunion1939
@speedmaster1977
@spitfire3719
@spnh7569
@spsp3r59
@SqWeo6k_n
@SR75Penetrator
@ssenoma
@ST08156544
@starbuck_wot
@stargazer291
@stitch0321
@STKontheearth
@stomagi
@str8147
@strega_aquariol
@Strigon011
@studio_arc2
@su_mi020301
@su10012
@su27thunder2
@SUBARU_STINBR
@subaruyozora
@Suckerpunch036
@suehirocho08
@sugar2006816
@Sugi_ja
@SUIK_A
@suika12201220
@suikade203
@suiseirtamago
@SukFkhFExHenZYd
@suki_040
@sukumo_inaudu
@SuneKuma01
@SunnyHage69
@supasu119
@Super_fly4_4
@sushiikkan
@sutabania
@suudaykj
@suzu_ohu
@swatchswitch
@SWEETMALL_SHOP
@sYBGrWu5l4daEEv
@Syouhei81219
@syoukakuzero
@syouwa2pc
@syuu3311
@Syuusui3432
@T_AH19
@T_K3913
@T_TRAIL_SCAR
@t1b860
@T3463681308
@t4s1I95JrEpX3J5
@T51Rkai
@t72JJ1OhrDpgXE9
@taba_san
@tabibito_st
@tabineko3389
@tabipapajp
@TabnZbv
@tabokoi
@tachibana00
@tackminnn
@tad_cag
@taddy31
@tae_no_te
@taenosuke
@taiga1228iota
@Taiho_601sq
@taisa417
@taitouryuu
@tak_ino1
@taka_ogu
@taka_sachiko
@taka64_
@taka66901
@takahiro_0301
@takajdk
@takamineizumi
@takanogu408
@takashi_cello
@takatiho3
@takatihomaru083
@takayukky1
@takebo_works
@takechandesutfs
@TakeDazai
@TakeMost
@TakenMiriPura
@takeshitakeshi1
@Takimon_
@takken16
@takuma3249
@takunisizawa
@takuponsann
@TAKUTO_hyakuri
@TAKUYA009374504
@takuya51115
@tama3132
@tamamon04
@tamamushininja
@TamaNakamura
@tamasi_no_utage
@tamo_kurihara
@tamon7
@tamutamu916
@TANGO_OSCAR502
@tango339
@tangooscar44
@tanooma
@tanukioyazi_wt
@taputapu_37
@tar3_kingyo
@TARO_302tfs
@Taro_RJNH
@taroo17068998
@tasogaremono
@Tasu70561260
@TAT0810
@tate_zou
@tatiko0
@tatsur333339
@tatsushi0213
@tatsuya1091
@tatsuya48273
@tatsuyacom1
@Tatu116U
@Taturo_d4
@TdCKScoabMUq4lz
@TdnYuusuke1020m
@teev2k
@teio1212
@teishokutaro
@Ten10_lol
@Tenzann
@tera_norimono
@Tera6711
@terusun_trk
@teruteru_h
@tetoranex
@tetsu06r
@tetsuace
@tetu1011
@TFTG_8094
@Thisiskenshiro
@thjyobanni
@ThreeWizard
@thunderbird2320
@TIGER25670556
@TitansAki
@tjpmwjp1009
@tk_nkn_d7200
@TKM747
@TKNK_planetrain
@tkob911
@TKSy_v
@Tmk_and_kaede
@tmwd227
@tmyklevorg
@TNYT4
@TO_RU_1999
@to14272207
@TobuNoda_8163
@tocmic2
@todo3110
@TokyoBirder
@TokyoBirder2
@tomakecha2
@tomatoippatsu_j
@tomcaaat
@tomcat_vfa102
@tomo172612
@tomomogtr23
@tomorismeme
@tomosun00
@TomoTeitoku
@tomyyz
@tondekeGG
@tonkotutaisyou
@toraneko03go
@torunekoyadec37
@Toshi_Aoki_JPS
@Toshi16680096
@ToshiHASEGAWA
@TOSHIT_M
@TOURER93
@tramokei
@treywestboy
@trickstar0007
@Trickster0411
@trigger64861312
@triggerman_y
@tritonblue_747
@Troutist_J
@tsubamekaigun11
@tsubasanchi
@tsubox3000
@tsugi_e
@tsukasa_0409
@TsukasaMiyabi
@tsukihue
@tsuyu_35
@tt_shouz
@ttaka93081800
@TThc_f
@ttt5102
@tty_624
@tu_phantom
@TuFuPostman
@tuikif2voxyhv11
@Tukiyono_Izumo
@tukiyume_saku
@tumusan_kyudo
@tuna_180sx
@tuna_kandes
@turborr3
@turikichijyunpe
@tuyo153
@TV3517SHIRAYUKI
@twpingping
@tyatyaTZR250
@type_nk
@type04
@Type63_Mk2a
@Type73Tk
@TYPE89_2nd
@type90tankTH
@type99ha
@Tzawa0408
@u_sakagami
@uAi0ED4X4eK8CwS
@UbFaW4ZUB8FoKMu
@uDcUi6AjlBW29yL
@UDONman1945
@UDYeHeccWRD3NI6
@ueken6
@uenokizashi
@UENOMIYA26
@UH60J_HERO
@UH60J211D7100
@uham_mt3
@uii17685
@ujaketa119
@ukokomist
@Ultra_Arisa
@ume_shirt
@umegumi_305
@umegumi1103
@UMEGUMI306
@umegumif15
@umetaro34
@umimo1950
@unagi23
@ungrtfs
@uniyaaan
@unjyou_kaisei
@unojikutaraja
@unyo660
@uok_h
@upuyaga
@Uraduki_Sora
@uraf0608
@ursThLTNU3UElTy
@urunori305
@usagi_0v0_
@usushio53
@UTakemasa
@UutenTake3
@uwofisher
@Uyn7wva4bwYSU6h
@V_ROD_VELLFIRE
@V2iAoPzvW0zM9tp
@v5NGVIYsaFFrdM7
@vai_papy
@valeyossi
@valkeyrie3
@valkyrjagsheryl
@valley03077668
@vaze32_TAKEOFF
@vbpo3GWRmAaAOrY
@VDu2pZurkPQPEyj
@vellmako_bule
@ver26539563
@VF17WARDOG
@VF19A
@vfa67
@VhSObROSSIQv92s
@Vifam7Kenta
@vigilante0809
@viper_zero501
@VIPER726
@viperzerokai111
@VlatinK
@vmax55531
@voldou
@voxx884robmasa
@voyager1996
@VPhantom301
@vphbmLDrnGByaud
@VsKakira
@vzp02541
@w0z7M2AtUrbqCN0
@w2101980
@W2BIE3rlf0qTmpU
@wada15914851
@wakabayashi1701
@wakamesabu
@wakwak9991
@WangWei84010847
@wanikon850
@Warp2045
@washikazux
@WAsoi6Yd7f3rOV4
@WATA61860024
@watanabeakagi
@watter0429
@wbggx417
@WE6dYqlZzBWNRrM
@WeFly1st787
@Weinfest3
@welcomecat
@Wesley1130
@wH8jEbP0nhhnNnG
@whilDMvhYhKNSYz
@white_tail7
@wilkin_neko
@willans_nsx
@wing_rosy
@wingkuyu
@Witchwatch99
@wivern03
@wizard330
@wliR1MLuTXGh7cP
@WM6489
@WOLFGANG1945
@wolfsturm_ss
@wolfwork_info
@WT018
@www_241535
@WXl2eEduXdJo9wE
@wybern99
@wylsp019
@wyvern4034
@X5uYZqxrQ4sS8jl
@X61nightmare
@x86phantom
@xamphitritex
@xEWuXuamInE9TZT
@XF2_002
@XlqDF5YrVSsmWyo
@xnxijCh2WHrybSL
@XPZ0yxb5R91VTrK
@xra3i5XK7axrhjU
@xrtmamendqjw
@XsVVSpnKzesT08M
@xx_Militant_xx
@xx771116
@y_auwy
@Y_Frog_W
@y_tom64
@Y305tfs
@y85073932
@Y8zSB7cBGRzbUMN
@YAFUU6
@yagi_aktm
@yaju_jjg
@Yakupanman
@Yama_41
@yamachi1968
@yamada80129996
@YamamuZanber
@yamanobe
@Yamasaki_MSDF
@yamato1945sunk2
@yamatodairi1945
@YamatoMaya44
@Yamatotakerul
@yankeesierra00
@yas1kcdlf
@yasi_ys11
@YasiroSIN
@YASU_F15EAGLE
@yasu3637
@Yataro_37_8320
@Yatowareteitoku
@yD9KvuRw2CPl6UY
@yellow_feb222
@yezuki
@yf3348a
@YGIpRH6sWBwNUDd
@yHD0dkHLvE85vXy
@YljasdfBI
@yjNlMTSFkOC13N2
@ymkt1g4416
@YMsfm
@ymt_8823
@ymyuto
@yn_
nagawaga
@YNWA0515
@YOB19WHUbaoliLG
@YOFUKASHITETOKU
@yoghurppe64
@yoh_yoha0803
@yohei306
@yokko001
@Yoshi_cuisinier
@yoshi_lq
@yoshi_u0214
@yoshi1105jp
@yoshishun313
@yosi_hotel
@yosiaki373
@yosnih
@yosuke_kendo419
@yosyi
@youk_obga
@YOUME02592667
@yr2_og
@ys_sky_
@ys11fc
@YS11tori
@yskmm564
@ystk4
@YSYRR_KATO
@ytr_jgsdf
@ytterium
@yu__ma0818
@yu_al_15
@yu_ha_ki_ru
@yu_hrk0626
@yu_rayura_215
@Yu04932667
@yu3hal2non5
@yubari_taka
@Yudai767
@yuhi_Air2397
@yui_horie82
@yuichi5085
@yuito_ota
@YUlvnQp5yk8Jrun
@yukagon75
@yuki_0014
@yukie0225
@yukikaze0228
@yukikazeyamato
@yukio49
@Yukk____777
@yukky7557blue
@yuko4643
@YUMA38898370
@yurei24226271
@yurian_0318
@yurizo0621
@yusya_furutin
@yuta3342
@Yutana93
@yuu8873
@YUUKI52305829
@yuuto_0310_
@yuuto30046060
@yyasso
@YZe1972
@z5r5G18jC
@Z8dVb
@zawao_MERIDA
@ZE0NPYy6ZnLUh2g
@ZEAL988
@Zekamashi_bias
@zenirouone
@zenryo_rider
@zero_yanbo0526
@ZERO_zero_aru
@zerogpon
@zeta_akira077
@Zhang_Da_Pao
@ZIHEwQjAvcqZtmf
@zinmami18
@zinoga27
@zippo_222
@ziweikan3
@zJF3qLEvdn85Vrk
@Zpp4O7
@zuikakuhappy
@zuka_Phantom
@ZuWuzq
@ZV8MAwYQyBtM0rL
@ZVpe2TutsZYN43f
@Zwei53907379
@zyenegya
@ZZR_DRIVER
@zzw30maki

Thank you All!
PhantomII Fans.

2019年8月5日 初版発行

著者 小泉 史人 コイズミ フミト

イラスト にしにし

撮影・撮影コーディネート 稲葉 浩一

撮影 中村 俊彦
Asa
清田 明美

デザイン・編集 株式会社 創美

協力 航空自衛隊 航空幕僚監部広報室
第7航空団司令部 監理部広報班
第7航空団 第301飛行隊

発行者 宮田 一登志

発行所 株式会社 新紀元社
〒101-0054 東京都千代田区神田錦町1-7 錦町一丁目ビル2F
Tel 03-3219-0921 / Fax 03-3219-0922
http://www.shinkigensha.co.jp/
郵便振替 00110-4-27618

印刷・製本 株式会社シナノパブリッシングプレス

ISBN978-4-7753-1724-2
定価はカバーに表示してあります
Printed in Japan

百里基地での取材で対応頂いた、第7航空団司令部 監理部広報班 白垣3等空佐（中）・須田空曹長（右）・松田2等空曹（左）